60分鐘
品牌戰略

作者 伊卓里斯·穆提
Idris Mootee

譯者 呂奕欣

60 MINUTE
BRAND
STRATEGIST

U0010306

MENU

中華企業形象發展協會 策劃

晨星出版

Contents 目錄

策劃序

台灣的經濟奇蹟早期由加工出口區與家庭代工廠所創下，一直到現在的高科技產業，基本上都是以代工為主，不管是OEM或是ODM，台灣所製作的商品大部分的利潤都是被國際品牌的擁有者所賺走，微薄的代工費用完全靠出口量來支撐，個位數的獲利率一碰到金融海嘯造成的出口量下降與外銷不振的挑戰時，就只能以停工或無薪假來因應，仔細思考接下來能走的路，也只剩運用多年製造的經驗自創品牌一途，但是台灣數十年累積下來的代工經驗在品牌操作上卻完全用不到，有時候這些經驗甚至還成為自創品牌路上的絆腳石。

製造業在自創品牌時所犯的錯誤都很類似，照過去的習慣試圖事事都自己做，成立一個品牌部門找兩個品牌經理就希望能建立自有品牌，公司組織沒變直接加個空降部門，沒有業績支撐的品牌部門碰到的運作多年的生產部門，還沒發言先矮了一截，開口說的又是公司內不熟悉的行銷語言，公司其他部門在表面上支持建立品牌，私下卻仍然照製造業的舊經驗生產商品，建立品牌需要各方面的配合才能成功，而且還是一條漫漫長路，從事前的市場調研到品牌定位、品牌識別、產品規劃、通路規劃一直到行銷、廣告宣傳、促銷、人員訓練等，樣樣都要投注大量經費與時間，外部沒有創造業績、內部又被其他部門抵制的品牌經理，常常做不到一半的時候就被迫或自動走人，徒留下一個自創品牌只是搞熱鬧的

錯誤印象，殊不知這些都是因為企業主對品牌的錯誤認知所造成的。

品牌是一個心靈工程，理念和內涵都要與你的品牌核心定位契合，才會是一個有靈魂的品牌，有形的手段往往只能達到表面的效果，很多企業在品牌建立上花了大筆時間與金錢後，其結果只是換了一個LOGO而已，我們在很多創造品牌的例子中，只看到了模糊的面孔還有含混的喃喃自語，他們做的每一件設計、每一句口號都是可以預測的，還假裝那些東西的累積就能創造一個新品牌，這種品牌註定就要消失在品牌的大海中，被消費者所遺忘。

品牌要找到自己的聲音，就要選擇與眾不同、選擇大膽嘗試、選擇打破傳統、選擇創意突破。因為現代社會資訊超載的混亂，品牌的建立更需要成熟而有策略的步驟，本書的出版正是為了要讓讀者快速的對品牌有正確的認知，在第一次建立品牌時就做對的事，少走一些冤枉路。我們在策劃本書的中文版時，有很多圖表都特意設計得很像PPT，希望讀者們善用本書，從中找出你覺得最有用的部份，幫你的客戶或員工們上一堂速成而有效的品牌課程。

唐聖瀚

北士品牌設計顧問負責人
中華企業形象發展協會榮譽理事長

序言

　　我原本沒有寫這本書的打算，最初的版本是採用我在「進階品牌研討會」的投影片，所以我試著想保留投影片的樣貌與質感，好讓讀者一再參閱。這次的修訂版已經以四種語言版本推出，並加上許多文字，以方便沒有參加研討會的讀者閱讀。這本書只談一件事情：打造品牌(branding)……打造品牌的執著。這本書談論品牌的一切，也只談論品牌，就這樣。在這個以思想觀念主導的經濟階段，唯一能維持不墜地位的方式，就是擁有品牌領導地位。

　　大家常常問我：我們需要品牌策略嗎？品牌策略是一項通盤計畫，你將做什麼，以及你和別人有什麼不同或優勢，傳達給目標市場。如果你和十個競爭者排排站，你的顧客要如何選擇和誰做生意？品牌已經存在了，無論你知不知道。品牌存在於你員工的知識、專長、服務與專業表現；在你的產品與品質；在你的行銷手冊與名片中。品牌從你介紹自己的方式開始，延伸到你希望如何對待顧客的方式。只要你願意，你永遠可以擁有有趣的廣告口號。但是品牌談的是如何創造差異、管理意義、提出承諾、建立信任、有效溝通、信守承諾。本書會告訴你達成這些事情的方法。

　　穩健的品牌策略須囊括：發展品牌願景、品牌承諾、品牌識別、品牌定位宣言、品牌架構、形象／主題測試，這全都須以量化與質性的市場研究來驗證。全球最成功、最有價值的品牌都運用這些技術。然而，你在商業雜誌上幾乎讀不太

到這些觀念。為什麼？簡單來說，這可是「商業機密」。如果品牌工具與策略運用得當，就是強大、具有競爭力的武器，在理性與情感層面都能打動顧客，並一再在競爭中勝出。當然，理論唯有用得上才算好，因此我會加入許多實例，盡力讓打造品牌的過程生動。

每一位廣告主管與品牌經理人的辦公桌上都應該要放這本書，因為這本書不僅可閱讀，還具有啓發性，可以當成備忘錄，也是一套可以用來當作參考的工具。理想狀況下，這本書應該買兩本。不，這本書並不是行銷洗髮精，一瓶洗、另一瓶潤絲。你應該一本隨時攜帶，在上面作筆記，寫下你的想法並在日常工作中應用。第二本則是給你的主管，並請他也這樣做。我建議，幾週之後你們互相交換，看看對方的那本書。拜託拜託，別把這本書放在書架上，就算放在廁所也比較好，因為你每天都會在那兒待上幾分鐘。如果有一天你拿著一本來找我，書頁摺了角、翻得破破爛爛，沾了星巴克咖啡、上面滿是你的註解和繪圖，那麼我會很高興。

我選擇盡量不用註釋，這不是因為沒必要，而是希望能保留某種企業精神。我的目的是強迫、刺激、授權你當品牌策略者。我希望這本書能引起共鳴回應。在整本書中，我納入許多能啓發人的懷疑想法，以挑戰品牌運作的成見。希望你能找到對你個人的啓發，更重要的是在工作上能用得上。非常希望能聽到你如何將這些觀念應用到工作上，請寄到我的電子郵件信箱：imootee@highintensitymarketing.com。

——伊卓里斯‧穆提(Idris Mootee)

第一章

品牌大小事

品牌是什麼？

「品牌和人一樣生而平等，難處在於：如何證明一個品牌『不平等』。

我們可以說，品牌是一門『識別』的科學與藝術，藉由攫取注意、想像與感情，滿足人身體與情感需求，時間久了，就從中獲利。」

伊卓里斯・穆提(Idris Mootee)

「在技術至上、毫無特色的時代，品牌能帶來溫暖、熟悉感及信賴。」

雀巢公司執行長包必達(Peter Brabeck)

在品牌主導的世界裡，產品不再是功能特色的總和，而是提供並改善顧客體驗的方式。由於網際網路與無線科技的發展，資訊豐富的程度已經超過消費者的負荷。消費者擁有的資訊已遠超出需求，多得無法消化、使用。

產品的激增帶來眾多選擇，致使我們無法區分差異，或選擇我們真正重視的東西。品牌可說是無價的工具，能幫助我們抉擇，讓我們循著自己對於產品或服務的體驗與滿意度，幫助我們在亂象中做出決定。

品牌不是：

商標（這是法定財產）。

使命宣言（這是一份提示）。

標誌或口號（這是你的簽名）。

產品或服務（這只是有形資產）。

廣告（這只負責傳達訊息）。

品牌幾乎已成為意識形態。

行銷的藝術，
即是打造品牌的藝術。

**若成不了品牌，充其量只是商品，
只能以價格主導一切，
唯有低價生產才是贏家。**

菲利普・科特勒(Philip Kotler)
西北大學凱洛格管理學院(Kellogg)

1. 我們滿足的是什麼
深刻需求？
我們存在的理由
是什麼？

2. 我們的核心競爭力
是什麼？
我們真正擅長的
是什麼？

顧客滿意度的疲乏現象

普林斯頓大學教授丹尼爾‧卡尼曼(Daniel Kahneman，譯註：二〇〇二年諾貝爾經濟學獎得主)說明了顧客滿意度的疲乏現象(customer satisfaction treadmill)。我們賺得越多，就花得越多，想要的也越多。我們越快得到，也會越快想要。若越是方便，就讓我們明白可以多麼方便。我們不合理的需求越是獲得滿足，要求就會越來越不合理。

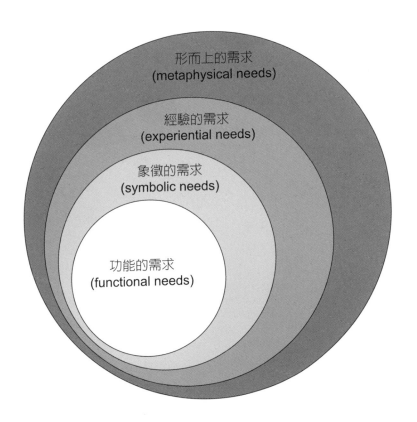

形而上的需求
(metaphysical needs)

經驗的需求
(experiential needs)

象徵的需求
(symbolic needs)

功能的需求
(functional needs)

品牌分類法

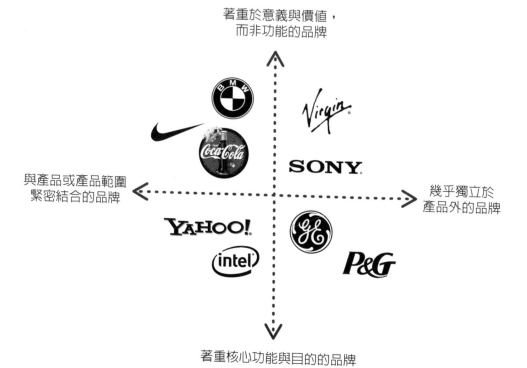

著重於意義與價值，
而非功能的品牌

與產品或產品範圍
緊密結合的品牌

幾乎獨立於
產品外的品牌

著重核心功能與目的的品牌

* 以上標誌皆為所有人的註冊商標，並受法律保護。

世上的事物多趨於相同，生活中沒有多少事情，能比打造出可瓦解相同性的品牌更令人滿意。品牌會使市占率變動，打動廣告獎項的評審，還能推動文化。

品牌在人心目中所代表的意義，是遠超過功能的。品牌既是藝術，也是科學。一瓶汽水與可口可樂、電腦與iMac、一杯咖啡與一杯星巴克、汽車與賓士、設計師的手提包與愛馬仕柏金包，其間差異就在於品牌。品牌是無形的，但是就一個人對產品的主觀經驗、個人記憶、及產品相關的文化聯想而言，卻能讓人在直覺上感受到品牌的影響。品牌也和訊息有關：可傳達強烈、興奮、獨特、真實的訊息，告訴別人你是誰、你在想什麼，以及你為什麼做這件事。

Mercedes-Benz

廣告太多，有意義的卻太少？

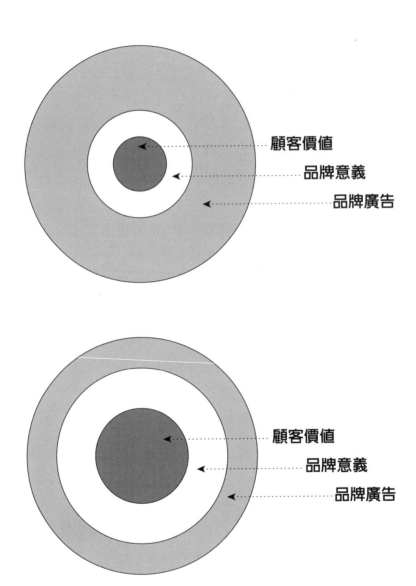

顧客價值
品牌意義
品牌廣告

顧客價值
品牌意義
品牌廣告

你現在可能擁有一個名字、一個商標，但是要擁有一個品牌，是<u>需要時間</u>與更多條件。

建立品牌是把品牌資產當成一個儲蓄帳戶，得創造與管理<u>現金流入</u>。

管理品牌講究的是行銷者與消費者一同創造<u>品牌意義</u>。

建立品牌不是一種可有可無的<u>選項</u>，除非有其他替代行銷方案，才須考量投資報酬率的重要。

品牌資產就像是一頭大象，光看財務報酬率是行不通的。你必須<u>了解全局</u>，不應瞎子摸象。

最常見的品牌相關議題

管理層不了解為什麼我們需要品牌策略。

無法判斷品牌重新定位的成本，不確定投資報酬率。

銷售與行銷人員的認知不同，更遑論著眼點。

品牌願景與公司現狀不符。

管理層認為，建立品牌只是打造一個新的標誌，配上一句新的廣告結尾口號。

讓品牌形象主導一切、成為品牌識別，是不該犯的錯誤。這只是等式的一部分，不是答案。

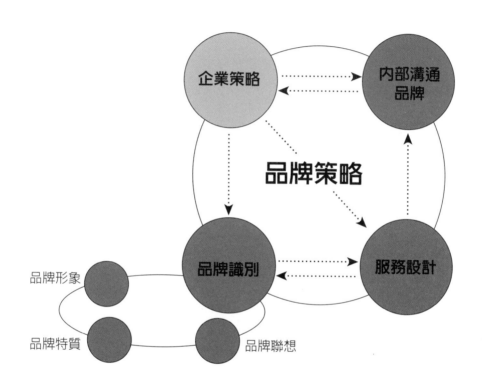

品牌是一種存在於人們情感與理性的無形資產，並由人所期待的好處而界定。這些好處包括有形與無形的，並透過長時間溝通而發展，更重要的是：靠行動！建立成功的品牌，表示要做以下四件事情：

1. **提出承諾**
2. **傳達承諾**
3. **信守承諾**
4. **鞏固承諾**

品牌中有形的層面就是承諾。你最擅長什麼？報酬是什麼？你的消費者可倚賴什麼？這份承諾成了你行銷訊息中最本質的部分。為了讓你能控制這份承諾，你必須以有策略、有創意的方式，透過各種媒介傳達你的承諾。你的內部人員與外部顧客，都必須真正信仰這份承諾。而要讓他們真正信仰的唯一方式，就是真誠看待這份承諾。

品牌是策略觀點，不是選一套行銷活動。

品牌對於創造顧客價值至關緊要，不只是擷取一段朗朗上口的宣傳口號與影像。

品牌是創造與維持競爭優勢的關鍵工具。

品牌策略必須植入策略規劃過程中操作。

品牌會從意義中獲得識別。產品和服務是品牌的血液，組織文化與行動標準是心跳。

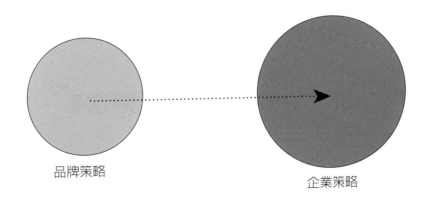

品牌策略　　　　　　　　　　　　企業策略

品牌既是科學，也是藝術。

為一年作規劃，以增加銷售為主。

為三年作規劃，要發展通路。

為十年作規劃，則扶植品牌。

把以信任為基礎、能產生價值的關係稱為品牌，就證明公司已經有組織地結合、重複這個過程、支持這些價值。

尋找、建立你的利基，清楚表達你能發揮影響的獨特能力。

為你的顧客／潛在顧客，與產品確認理想的關係。

透過每一次與顧客的互動，創造無形的情感聯繫。

品牌和人一樣，需要名字、個性、特色與聲譽。

品牌管理是公司策略的關鍵元素，而不只是行銷職務。品牌可以幫助公司擺脫為股東創造價值的束縛，而品牌策略是可以成功傳達企業策略的方式。

心靈比物質重要

心理層面的差異看似不具體，但如果以持續性而言，通常比功能層面的差異更堅韌。

無形的情感連結很難複製；一旦情感領域被知名品牌占領，要以功能訴求取代之，將更為困難。

建立於情感價值與品牌意義的優勢，通常是最持久的（例如李維[Levi's]、耐吉[Nike]、星巴克[Starbucks]、可口可樂[Coca-Cola]、哈雷[Harley-Davidson]、蘋果[Apple]、索尼[Sony]）。

 SONY

產品在工廠生產，品牌由<u>信任</u>與<u>關係</u>打造。

產品是一個物體，品牌是一種<u>個性</u>。

產品由商人販售，品牌由<u>顧客購買</u>。

產品很容易被競爭者複製，品牌<u>獨一無二</u>。

產品很快過時，偉大的品牌是<u>永恆</u>的。

品牌不光是廣告或視覺識別之類的事情，而是需要全方位打造。打造品牌，是將品牌附帶的資訊都加上去。這包括兩個核心成分：標記與傳奇。標記代表所有的視覺元素、包裝與標語。

傳奇則是建立品牌時的外部層面，是從外在附加上去的，最常見的是顧客體驗、廣告、企業信任與客戶關係。

品牌是顧客體驗的總和：你公司的外觀與感覺、你的社群聲譽、你的招牌、你的銷售與客服人員，你處理業務衝突與客訴的方式。

Mercedes-Benz

如果沒有品牌，蘋果早就死了。品牌的力量讓蘋果在一九九○年代中期，即便產品不亮眼也能存活下來。品牌為蘋果換取時間，等他們推出下一個贏得眾人目光的暢銷產品─iMac電腦。

對蘋果來說，品牌永遠大於產品。

這是一種意識形態，以及一套價值。蘋果講究的是想像、創新與個人主義。

今天品牌行銷的主流似乎太拘泥於嚴謹與量化，卻看不到想像、魔法與傳奇的重要。

哈利波特(Harry Potter)如果少了行銷，就無法如此轟動。這本書的行銷，和行銷產物的結果一樣重要。

行銷科學本身沒有靈魂。分析、規劃、執行與控制的典範已行不通。

哈利波特系列叢書在科學至上的心態之外，提供另一條選擇。

建立強大的品牌

打造品牌通常與廣告宣傳,或企業識別混淆。公司仍把建立品牌當成是萬靈丹。有些自稱品牌專家的人,會樂於把昂貴的「萬用藥」賣給你。此外,品牌新手會把一個品牌與其他同質性質高的品牌混淆,或提出不可能實現的承諾,而不是傳達和品牌相關的獨特性,並建立信賴與信譽。

建立強大品牌的三大關鍵要求:

1. 品牌與消費者之間的信賴

2. 品牌與消費者之間有共同性

Mercedes-Benz

3. 一系列品牌之間的差異點

「我們花了八個月、撒了一大筆錢打造品牌策略，結果只有標誌和廣告口號改了。」

某金融服務公司執行長

問題在哪裡？

「我們請了品牌顧問，發展出很好的品牌策略。我們的廣告代理也繼續提出廣告宣傳，卻遠遠超過我們的能力，我們根本無法實踐品牌承諾。

結果我們讓顧客失望、內部衝突，品牌信譽也遭到侵蝕。」

某公用事業公司執行長

許多公司根本沒有做好準備，無法處理或預期到識別過時的問題，就像他們無法預期到產品或商業模式已經過時。

雖然管理團隊竭盡所能，許多公司仍無法在競爭環境中調整而轉型，因為品牌非得調整不可，卻又和公司的核心識別(core identity)不一致，如此一來，任何品牌活動只會擴大品牌與企業核心識別之間的落差。

第二章

今日的**品牌**打造

我們看到太多**類似**的公司，
僱用太多**相似**的員工、
教育背景**差異不大**，
做的工作也**差不多**，
提出**相去無幾的想法**，
生產**相像的產品**，
價格和品質也**沒什麼不同**。

諾德斯壯(Kjell Nordstrom)
與瑞德斯卓(Jonas Ridderstrale)，
《放克企業》(Funky Business)

我們也有過多**相似**的品牌，
擁有**差不多**的特質，
行銷訊息**差異不大**，
提出**相去無幾**的品牌訴求，
品質**類似**，
售價**沒什麼不同**。

歡迎來到過剩的經濟結構！

伊卓里斯‧穆提(Idris Mootee)

最佳實務＋策略委外
＋企業資源管理＝？

**因此，不光是品牌相似，
甚至連公司都或多或少雷同，
近乎一模一樣。**

一般消費者每天會接觸到三萬條訊息，其中超過三千項和品牌有關。許多研究指出，黃金時段的廣告僅不到10%有清楚的定位。從2000到2003年間，新上市的包裝食品增加超過30%，為十年來最大增幅。但這些產品多半差不多，註定要埋沒在眾多產品之中，也會讓某些品牌地位淪落到幾乎和貨物相同。

在品牌隨處可見的世界，競爭越來越激烈，而回應競爭的速度也越趨縮短。要在眾多品牌脫穎而出，大家都在比誰能確保顧客忠誠。不過公司往往陷入短視的陷阱，對品牌策略不是過度熱衷，就是不放在眼裡。

打造品牌與麥當勞化

麥當勞化是隨處可見的現象，個人主義與多元化已由效率與社會控制所取代。速食店使用的工作方式與過程，在全球各地主導了社會上越來越多的部門。

麥當勞在全球一百二十一個國家，擁有超過三萬家分店，其中60%是在美國以外。而麥當勞化影響所及，讓我們看到購物中心隨處可見，商店與商品大同小異。這股趨勢也出現在許多其他產業，從玩具、汽車維修、便利商店、消費性電子商品、到書店與雜貨店都是如此，其關鍵構成元素，就是「控制」與「系統」。以非人性科技代替人，通常目標在於能加強控制，交付出一致的品質。在合理化的系統中，不確定性與無法預測性的最大來源就是人（無論是在系統中工作的人，或接受服務的人）。

而品牌廣告的用途，就是把人性的元素找回來。電視廣告中溫暖的笑臉，目的是讓消費者相信，可計算性(calculability)已經凌駕了個人性(individuality)。

※「可計算性重視可計算、計數、計量的事物。量化(quantification)則指注重數量，而不是品質的傾向。這麼一來會讓人認為品質好等於確定的、通常也是數量多（但不總是如此）。」

經濟結構的演化

在過剩經濟結構中，行銷戰成了品牌戰，亦即爭取品牌優勢的競賽。公司會體認到品牌是公司最重要的資產，也了解到擁有市場比擁有工廠重要。

要擁有市場的唯一方式，就是擁有具優勢的品牌。品牌戰場延伸到廣告業，甚至許多場合都成為必爭之地。

品牌之戰

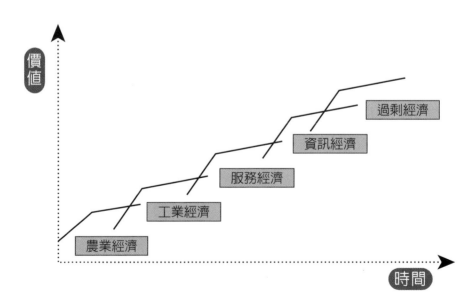

顧客關係

顧客關係的管理，已變成軟體廠商關係的管理。那麼，到底是哪裡出了問題？難道公司不該把錢放回「顧客關係管理」(CRM)的「關係」上嗎？

行銷者和CRM軟體廠商在談起「關係」時，常提出不切實際的過高期望，難道他們用了不同的字義？

「習慣上，戰術性的行銷決策（例如包裝與廣告類），多由個別的人或部門決定。然而全方位了解顧客與品牌有什麼關係，可為公司行銷活動提供方向，也能讓顧客與品牌之間的聯繫更強。」

蘇珊·傅尼爾(Susan Fournier)
哈佛商學院

「良好的關係是一項資產。我們可以投資關係，也可以借用。我們都會這麼做，卻幾乎從未加以管理。然而一家公司最珍貴的資產，就是與顧客的關係。」

席爾多·李維特(Theodore Levitt)
哈佛商學院

多數企業和顧客的關係多只建立於價格上，因此許多公司難以維持獲利。思考如何將以交易為基礎的關係，拓展到以情感為基礎，是一項挑戰。哈佛商學院教授傅尼爾把顧客與品牌的關係，完整地分成十五類，其中包括：

忠誠關係

多為長期、自願的關係。例如一個人非常喜歡他單車的品牌，因此成為擁護者，時常向朋友讚揚。

禁錮

非自願性的關係，與夥伴的希望或意願互斥。例如消費者不滿當地的有線電視業者，卻沒有其他選擇

另外兩點也值得關注：傅尼爾所採取的方法是長期與消費者會面，期間延續好幾年，訪談數百名受訪者，傾聽他們的生活故事，發掘其興趣與目標，聆聽他們日常生活中的酸甜苦辣。之後請每個人描述自己的「品牌組合」，並解釋為什麼選這樣的品牌。

傅尼爾為良好的品牌關係，歸納出七種基本特質：

互相倚賴：
品牌與消費者的日常生活與慣例緊密交織。

愛與熱情：
消費者對於產品抱持情感與熱情，如果無法取得，甚至會感受到分離焦慮。

自我概念的連結：
運用品牌幫助消費者處理生活議題，例如需要歸屬感，或解決對於老化的擔憂。

忠誠：
無論生活型態或產品生命週期的起伏，消費者都堅持使用此產品。

親密：
消費者說明了自己對產品的深刻熟悉，了解產品特質。

夥伴：
消費者尋求品牌某一種正面的特色，例如可靠、信賴、有價值、有責任。我們也會在摯友身上尋找這些優點。

懷舊之情：
品牌可以帶來回憶，可能是因為消費者小時候曾用過，或者和某些自己深愛的人有關。

品牌暴增

讓創新過程更快速、更簡單、更便宜的科技，也促成了模仿，於是競爭從<u>創新</u>轉移到<u>模仿</u>。產品與服務差異化日漸困難，競爭者趕上創新的速度加快，如此只會促成品牌暴增。許多讓世界更美好的夢想與欲望，不再出於甘迺迪或金恩博士之口，不是哪個人的頓悟——

現在成為品牌的知識貨幣了。

品牌槓桿決策圖

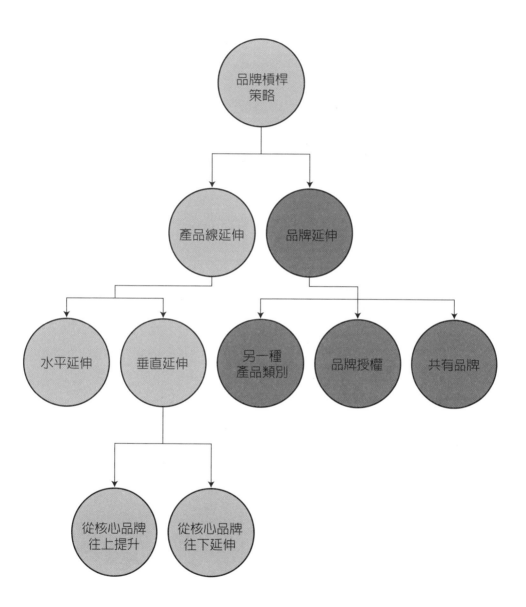

品牌選擇之決策圖

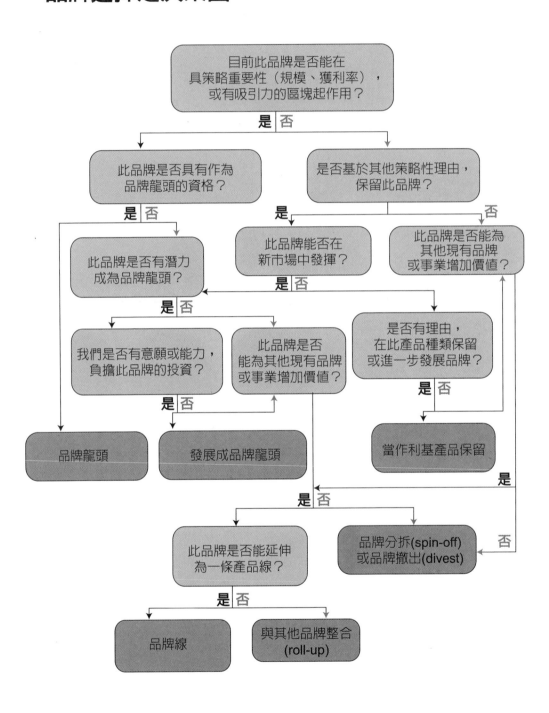

目前此品牌是否能在
具策略重要性（規模、獲利率），
或有吸引力的區塊起作用？
　　　　是｜否

此品牌是否具有作為
品牌龍頭的資格？
　　是｜否

是否基於其他策略性理由，
保留此品牌？
　　是　　　　　　否

此品牌是否有潛力
成為品牌龍頭？
　　　是｜否

此品牌能否在
新市場中發揮？
　　　是｜否

此品牌是否能為
其他現有品牌
或事業增加價值？

我們是否有意願或能力，
負擔此品牌的投資？
　　　是｜否

此品牌是否
能為其他現有品牌
或事業增加價值？

是否有理由，
在此產品種類保留
或進一步發展品牌？
　　　是｜否

品牌龍頭

發展成品牌龍頭

當作利基產品保留

　　　　是
　　是｜否　　　　　　　　否

此品牌是否能延伸
為一條產品線？
　　是｜否

品牌分拆(spin-off)
或品牌撤出(divest)

品牌線

與其他品牌整合
(roll-up)

品牌的挑戰

品牌管理的挑戰，在於尋找與顧客連結的方式，帶出目前產品與服務之外的價值、實質、重要性、用途與意義，且具有競爭力。這必須對生活具備深刻了解，也表示須以更明智的方式發展真正的關係。這過程也必須是動態的，才能跟上顧客不斷變動的欲望與需求。品牌長期成功的一項關鍵就是投資，如此顧客會喜歡我們、信任我們、重視我們，持續回到我們身邊，願意付給我們更高的價格，把我們帶進他們的生活。

但是大體而言，現今組織運作正與上述成功之道背道而馳。大多數企業的組織設計是各自分離的，以各自分離的單位來思考或運作，但顧客並非如此。這會阻礙我們真正去理解顧客。如果我們只從組織賦予的角色與責任出發，去思考顧客一小部分的生活、態度與行為，如此怎麼能了解顧客？品牌比品牌組成元素的總和還大，顧客也是。兩者都是關係、認知、意義、行動、反應與互動的組合。

最佳實務範例

打造品牌的最佳實務範例

二○○二年，先知(Prophet)顧問公司的最佳實務研究發現，品牌策略通常是說得多做得少。研究中調查九十家全球性的公司，其中僅53％有適當的長期品牌策略，而這當中僅40％對其策略感到滿意。

公司亮眼的財務表現有高度相關的品牌，可成為打造品牌的「最佳實務範例」，但是研究結果顯示，與這些範例並未廣為其他公司實踐。此外，有62％的受訪者指出，其品牌要獲致長遠成功，最緊迫的威脅在於缺乏管理高層的支持。其中又有68％表示缺乏經費、45％說不知道品牌代表什麼，32％則指出，品牌成功缺乏長期的財務報酬。

除非有正確的工具來衡量品牌策略是否成功，否則高階主管不易相信品牌強度與財務績效之間有關。僅35％的受訪者指出他們衡量品牌價值與權益。美國「全面研究公司」(Total Research)的品牌趨勢模型(Equi Trend)顯示，品牌權益成長最多的企業，平均投資報酬率為30％，但是品牌權益損失最大者，平均為負10％。

建立品牌的時間

過去建立強大的品牌須耗時數十年，但我們看見，現在建立強大品牌的速度快多了。例如星巴克品牌只費時十五年，品牌力量便超越已有一百零八歷史的麥斯威爾(Maxwell House)。星巴克的品牌力比福爵(Folgers)或麥斯威爾要強。其他例子還包括：Google、CNN、eBay、Target、哈利波特(Harry Potter)與亞馬遜(Amazon)。

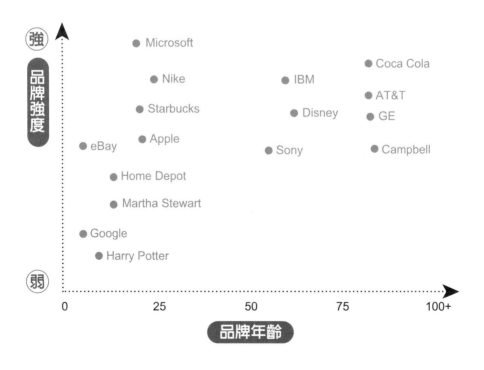

Google
五年內達到二十億美元的品牌！

公司要取得成長與獲利率，總會把品牌視為一項關鍵要素，而強大的品牌對於維持溢價與市場力也至為重要。據估計，通常成功推出一個新品牌，光是在美國就須花費三至四千萬美元。現在的執行長不光想要強大的品牌，更講究打造品牌效用與效率。換言之，就是要**更快、更便宜**。

隨處可見的Google，品牌地位快速竄升，和許多成為消費性產品的品牌一樣，成了該產品類別的代名詞。例如柯達代表相紙、全錄代表影印、可麗舒代表面紙、3M代表接著劑、便利貼本身既是品牌，也是產品。這些強大品牌的價值幾乎無法衡量，而根據富比士和業界談話的結果發現，Google光是品牌就價值二十億美元。沒錯，二十億美元。

更厲害的是，Google沒花半毛錢做廣告、接近消費者，就成為家喻戶曉的高價值品牌。這家搜尋引擎從未上電視打廣告、刊登平面廣告，或寄送直接郵件宣傳。Google是個經典的例子，代表產品僅靠著提供超優質的顧客價值，並從口碑中獲益，進而打造出強大的品牌。

建立品牌的原理

過去關於打造品牌的想法,是運用命名、口號、包裝與廣告,賦予產品或服務獨一無二的特徵。然而,在形象與訊息一片混亂的世界,品牌要從眾聲喧嘩中脫穎而出,讓人注意與記憶也越漸困難,因此需要更成熟、更有策略的品牌概念。打造品牌的原理,就在於創造差異化。

差異化可以帶來正面的區別,且或多或少能提高品牌的占有率。品牌行銷者須傳達實質及非實質的東西,讓品牌產生差異。這差異不僅須讓人認知,更要獲得重視。

我們可以很合理的認為,打造品牌的主要目標,就是創造高度涉入的情境。如果打造品牌的活動無法將適切的差異性傳達到鎖定的涉入區塊,並獲得重視,那不就白費努力了?

策略考量

若消費者無法藉由差異化的活動，察覺或欣賞品牌的獨特優點，那麼打造品牌的行動就失去了經濟正當性。無論是哪一種產品種類，如果差異不受重視，那麼購買者通常會只靠著價格與可取得性，來區別品牌。

問題是：

在低度涉入的市場中為建立品牌而投資，是不是真的有道理？

或者在面臨產品種類涉入低的情況下，是否還能建立高度品牌涉入？

產品種類轉型

好的品牌策略者能將產品種類完全轉型，創造新種類或子種類。

過去或許沒人認為個人日誌具有「表達性」，直到「飛來發」(Filofax)品牌出現，情況才有了改變。同樣的，擁有電視機或許自我表達程度低，不過Sony的電漿電視就是一種宣示。其他類似例子尚包括：蘋果iMac電腦、赫門·米勒(Herman Miller)人體工學椅(Aeron chair)、博柏利(Burberry)風衣、路易威登(Louis Vuitton)皮箱，或是沛綠雅(Perrier)礦泉水。過去，信用卡或精緻的書寫工具是地位的象徵，但現在能「表達」自我的物品已為個人電子裝備所取代，例如手機、掌上型電腦及個人MP3播放器。

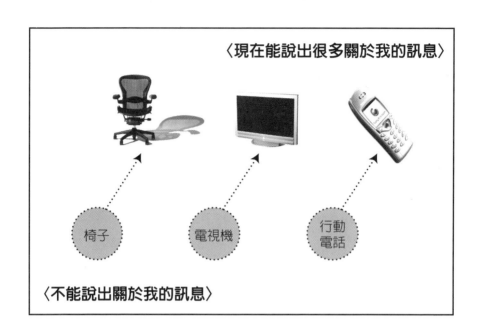

〈現在能說出很多關於我的訊息〉

椅子　　電視機　　行動電話

〈不能說出關於我的訊息〉

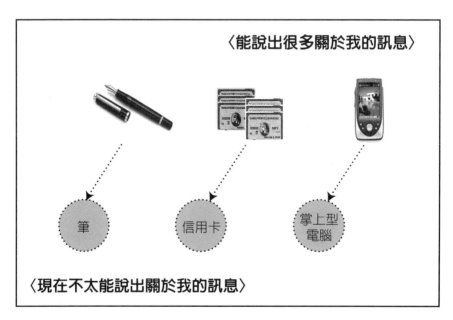

〈能說出很多關於我的訊息〉

筆　　信用卡　　掌上型電腦

〈現在不太能說出關於我的訊息〉

品牌與消費者個性

品牌個性可幫助公司將其產品差異化，從競爭中脫穎而出，並建立品牌權益（價值）。

「你必須有代表性，否則只能隨波逐流。」

消費者買的不是商品，而是購買和那些產品有關的個性。比方說，Big K可樂和可口可樂的味道幾乎一樣，但是市占率卻天差地遠。

消費者不光是為了味道而購買。品牌個性能幫助消費者界定自我概念，並把自己的身分展現給他人看。顧客只能從有個性的品牌找到意義，而不是從產品。

涉入程度方格圖

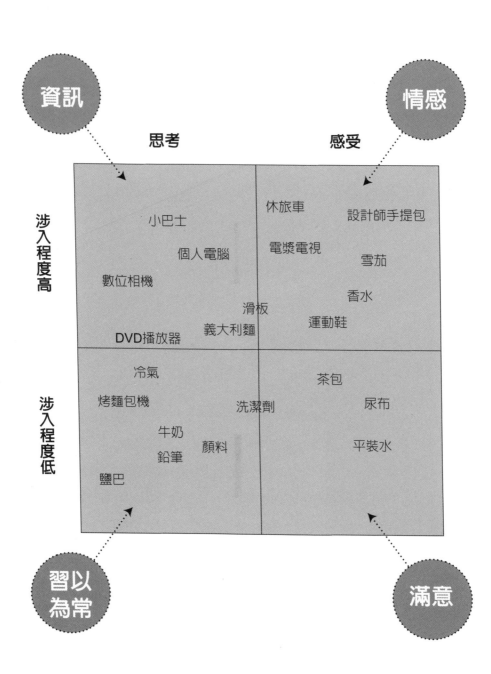

資訊

情感

思考

感受

涉入程度高

涉入程度低

小巴士

個人電腦

數位相機

滑板

義大利麵

DVD播放器

休旅車

設計師手提包

電漿電視

雪茄

香水

運動鞋

冷氣

烤麵包機

牛奶

鉛筆

顏料

洗潔劑

鹽巴

茶包

尿布

平裝水

習以
為常

滿意

廣告與打造品牌

品牌管理如何進行，向來缺乏統整的理論，多倚賴常識而執行。然而，蘊含在其中的原則卻存在著大問題，許多人將了不起的創意點子與廣告宣傳，與成功的品牌建立畫上等號。

認為廣告可以「改變」群眾對於你的品牌想法，是一廂情願的觀點。其實廣告不能改變人對你品牌的想法（這永遠很難），頂多只是讓他們想到你的品牌。

雖然以打造品牌為主題的文章與書籍多如牛毛，但是品牌打造終究是一門藝術。希望以始終如一、重複、有系統的方法來創造偉大的品牌，是不切實際的期望。目前我們只解決了品牌難題的三分之一。

許多「無品牌」運動出現了。反品牌與反體制的運動是很可以理解的，企業已經成功為許多商品冠上品牌，如磚頭、紙張、雞肉、鑽石、牛奶、鹽、糖、柳橙、香蕉、微處理器，甚至空氣、水與沙。問題是：

還有什麼可以冠上品牌？

有人認為，我們的社會在廣告、品牌化及產品識別上，已達到飽和點。但是，關於個人、疾病、哲學、城市、宗教、國家與文化運動被冠上品牌的討論已久，甚至已有數千年，這現象和目前關於飽和點的想法是衝突的。品牌要到哪個點才會過強尚無定論。每個人忍受品牌化的程度各有不同，不過鮮少聽到誰抱怨有太多的名字、太多不同的臉孔……或者太多標誌。

《紐約時報》曾報導，在紐約有位索價甚高的牙醫，將雷射科技發揮得淋漓盡致，可運用完美的技術，將姓名字首字母刻在陶瓷貼片上，宛如路易威登提包裡面的戳印。由於牙齒越長就代表年輕，所以他常把顧客門齒拉長，並把自己名字字首字母放上去。

品牌打造
與廣告分家。 錯！

品牌廣告面臨瓶頸。
廣播與印刷時代所誕生的傳播技術，無
法轉型到互動的數位媒體。

弗瑞斯特研究公司(Forrester Research)

但事實是，若要建立並維繫強大而持久的品牌，廣告在可預見的未來仍是最有力、最有效的工具。只不過，廣告可能出現在電視遊戲、電視實境秀、電腦螢幕、電子郵件，甚至童書裡⋯⋯總之是最出其不意的地方。

品牌已死 錯！

大家都採用品牌行銷之時，品牌行銷就不再有用。

威廉‧萊恩(William Ryan)於《快速企業》
(Fast Company)雜誌談論〈行銷議題的未來〉

只要有人，就會有品牌行銷。品牌將產品人性化，並賦予產品獨特的個性與感情，以反映出我們自己。品牌也讓產品從競爭中脫穎而出。

品牌顧客互動與關係之矩陣

品牌與顧客關係（接近）

親密　　　　　　　　　　疏遠

品牌與顧客互動（頻率）

不頻繁

須努力維繫品牌，
以保持整體的品牌可見度。
互動是由事件所引發的，
且時間短而密集。
例如：房地產經紀人、
汽車經銷商、禮儀公司、
私人財富管理、
整形美容手術等。

品牌的建立主要倚賴
大眾傳媒的廣告、
銷售點與包裝。
顧客很少需要接觸品牌廠商。
通路夥伴掌控大多數
的顧客體驗，
大部分快速消費品
都屬此象限。

頻繁

品牌建立多由顧客體驗帶動。
公司內部的品牌
建立至關緊要，
而品牌操作須大量的
資源配置，
影響可能很持久，
並建立起強大的競爭門檻。
例如：飯店、航空公司、
商業銀行、零售業者、
餐廳等。

建立品牌的影響，
多受前線員工與顧客的
頻繁互動所影響。
基於經濟理由，
許多自動化行銷是透過
電話中心與網際網路完成。
例如：信用卡、公用事業、
郵購、有線電視等。

理論究竟是否存在？

我們為什麼需要一套策略化的品牌管理理論？因為理論是極為實用的。經理人是世界上胃口最大的理論消費者，每做出一項品牌行銷決策，通常都是隱約認知到某種因果關係。

但真正的問題在於，他們用的常是制式化的理論。要打造偉大品牌的方式很多，以下為四種基本方式：

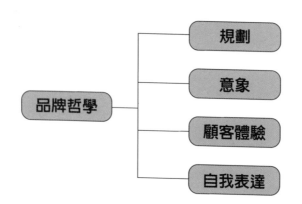

品牌哲學

透過規劃打造品牌	透過意象打造品牌
寶僑 (Procter and Gamble)	A&F服飾 (Abercrombie & Fitch)
可口可樂 (Coca Cola)	凱文克萊 (Calvin Klein)
雀巢 (Nestle)	羅夫羅倫 (Ralph Lauren)
英代爾 (Intel)	寶馬 (BMW)
吉列 (Gillette)	絕對伏特加 (Absolut)
柯達 (Kodak)	Milk乳業
通用汽車 (GM)	豪雅錶 (Tag Heuer)

透過顧客體驗 打造品牌	透過自我表現 打造品牌
星巴克 (Starbucks)	路易威登 (Louis Vuitton)
美體小舖 (Bodyshop)	蓋普服飾 (Gap)
西南航空 (Southwest Airline)	普拉達 (Prada)
赫茲租車 (Hertz)	帥奇錶 (Swatch)
迪士尼 (Disney)	蘋果電腦 (Apple)
萬豪酒店 (Marriott)	福斯金龜車 (VW Beetle)
雅虎 (Yahoo)	Allsteel鍋具

透過自我表現打造品牌

在這種情況下，公司把建立品牌的部分任務交給顧客。奢侈品與運動商品產業長久以來皆採用此模式；在這些產業中，由於顧客需求變動快，適切、有意義的品牌建立往往來跟不上。而這些產業類別的消費者，並不想以品牌來支持或反映自己的個性；相反地，消費者有助於個人或個性化品牌的建立。

換句話說，強烈的品牌識別會太過強勢，導致消費者不敢恭維。消費者運用品牌當成地位象徵，再加上自己的特色以表現自己，希望別人如何看待自己，及他們如何看待這個世界。這種品牌只須一些可供聯想的意義，讓顧客挑選、混合與搭配他們所認同的其他價值，進而幫助他們成建立「我的」品牌。

使用者會參與這類品牌的意義創造，並運用品牌當成一種象徵，代表內在的自我。

透過意象打造品牌

這類型的品牌建立是偏功能性的。通常廣告代理商會找一個主角,將廣告與品牌連結在一起。打造品牌主要是利用電視廣告、海報與平面廣告。

有些案例是在超級盃賽事轉播時,推出六十秒的電視廣告首映;如此努力打造品牌,堪稱經典之舉。而在全國性的雜誌(如Vogue或Vanity Fair)刊登視覺效果震撼的廣告也很常見。行銷者與廣告代理會以有創意的廣告,來打造品牌。有時擔綱這項重責大任的,是知名攝影師。例如凱文克萊的成功得大大歸功於布魯斯・韋伯(Bruce Weber),而班尼頓也得感謝奧利佛・托斯卡尼(Oliver Toscani)。這些攝影師為品牌賦予了意義。

但是這類品牌的風險,在於若廣告失敗,品牌也跟著遭殃。然而,優良的廣告宣傳能產生廣受喜愛的品牌,許多產品與廣告商也曾因令人無法忘懷的廣告一炮而紅,接下來好幾年行銷人都能夠享用成果。

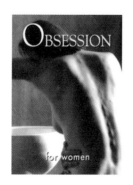  

透過體驗打造品牌

這類型企業認為，顧客將功能好、產品品質優良與品牌形象正面視為既定的，但他們要的是產品、服務與行銷溝通能讓人眼睛一亮、觸動他們的內心、啓迪他們的智性。這時顧客成了品牌最重要的部分。過去幾年，許多品牌已透過吸引人的顧客體驗，轉型為體驗式品牌。

星巴克與美體小舖末在大眾傳媒上打廣告，建立品牌，反而把資源放在設計與傳遞獨特的體驗。

蒂芬妮(Tiffany)體驗不只包括購買的經驗，連給予與接受特殊物品的體驗也包含在內。Tiffany的商標，與定義品牌的永恆優雅與品質密不可分，藍盒子也成為識別符號，點醒你的感覺。雅虎與亞馬遜網路書店藉由持續改善使用者經驗，成為線上體驗的標竿。

透過規劃打造品牌

在這種情況下,打造品牌屬於正式的策略規劃,多見於策略行銷規劃的脈絡中。典型做法是將產品組合與產品生命週期的概念,與整體市況及競爭情報結合。個別品牌的表現會以市占率與獲利來評估,並去蕪存菁,加以分析。

這種運作方式的核心在於定位,以確保產品能涵蓋所有可獲利或新興區塊,並利用品牌達到這些目標。一般而言,多品牌的組織與品類經理人,會承擔品牌組合與品牌架構所有人的責任。品牌的規劃重心,在於清楚連接整體的品牌策略與方式(例如運用選定的子品牌,架構出主要品牌),絕非只是把品牌當作個別表演者。要能真正達到最大價值,需要強而有力的架構,讓系統下的品牌之間能將關係發揮得淋漓盡致,帶動市場上的可見度,並為公司的產品組合增加綜效,截長補短。

常見混淆

新的名字或標誌，常與打造品牌混淆。

許多企業常被誤導，認為取得新品牌名、標誌與行銷素材，就解決了打造品牌的難題。這是多數企業論及打造品牌時，會犯下的頭號錯誤。這樣不僅成本高昂，最終結果通常也無法改善獲利。

企業識別與企業品牌混淆。

設計公司喜歡「企業識別」，他們賺錢的方式，就是開發標誌或品牌名稱、信頭設計、文具與商用表格、制服、店面室內設計等。然而對企業品牌而言，最重要的不是品牌名稱和標誌，而是品牌名稱和標誌代表什麼，以及從過去到未來皆贏得顧客的信賴。我們應該都渴望建立值得信賴的品牌，這樣的品牌能留住忠誠的顧客好幾年，甚至一輩子。

賓州大學華頓商學院的雷伯斯坦(J. Reibstein)教授指出，公司的實際名稱並無多大的差異，反正公司最後都會做大量的廣告，並為名稱創造形象。

從何著手？

從品牌策略，還是企業策略著手？

如果公司想要被某種方式看待（品牌識別），那麼一切都必須支持理想的識別。

企業／商業策略及公司的執行，是理想識別的妨礙或支持？

若是支持，那理想的品牌識別就可能是適當的（當然尚有其他考量。）

若不支持，就不可能達成品牌識別，得等到一切都符合才行。

理想的品牌識別也適合作為「最終狀態」，讓公司管理層與員工據以想像，驅動變革，支持企業策略。

建立一道有策略的流程，讓你的公司能隨著時間而實現願景。

公司策略和品牌策略，會朝著相同方向一起成長。

管理品牌的意義

若品牌沒有重大的消費意涵，就不值得耗費金錢與組織資源進行投資，扶持為領導品牌：不值得斥資持續推動，不值得花時間與政治資源，聚集公司成員的技能，也不值得讓打造品牌過程中所浮現的價值關係活躍起來。

相反地，若品牌確實擁有重要且能自我延續的消費意涵，公司就會發現，當他們在全世界推動品牌精髓時，其業務範圍的消費者有許多重大的相似性而不是差異性。

能得利公司(Rowntree)未能體認到以產品為導向、能引發衝動的概念，例如「輕鬆一刻，奇巧時刻」，可在全球與地方消費者的日誌裡，確立「休息時間」的意義。但是收購能得利的雀巢公司看出朗特里的領導品牌具有足夠的意義，值得花費金錢。一九八八年，雀巢以近四十五億美元收購能得利公司時，並非著眼於該品牌的過去表現，而是雀巢能從這些品牌潛藏的精髓與意義，創造未來的優勢。

艾爾‧賴茲(Al Ries)與傑克‧屈特(Jack Trout)曾寫道，在潛在顧客的腦海中占有「一字之地」，是力量最大的概念。這是發生在品牌聯想極為強烈，因此一個字能立刻聯繫到一個品牌。他們堅持，「無論產品多麼複雜、無論市場需求多麼複雜，最好永遠聚焦於一個字或優點，而不是兩個或三個。」

就任何單一產品或類別品牌，上述說法常是對的。但是今天的品牌已非常複雜，擁有「類別字眼」與「和優點相關的字眼」還不夠，因為競爭者會試圖破壞這些關聯。最有力的概念其實是除了聚焦於功能優點外，還能擁有一套價值。如果品質、服務和設計都不分軒輊，加上眾多公司鎖定不同區塊，積極擴展產品範圍，「和優點有關」的用字聯想就不那麼有用了。比方說，賓士擁有工程這個詞、BMW擁有性能，富豪則是安全。但是，賓士會推出C系列以吸引年輕區塊，BMW會推出高階成熟的七系列，鎖定熱愛最新工程的人，而富豪也為產品範圍改頭換面，推出外觀更輕便，看起來速度更快，這時原有的一切聯想便很快失去意義。

意義薄弱的品牌，無法支持品牌延伸。若要進行品牌延伸，
先回答以下問題：

● 品牌延伸是否與品牌長期願景一致？
● 品牌延伸確實能為品牌增加價值嗎？
● 你能傳遞品牌化的顧客體驗嗎？
● 品牌延伸的優點能符合你的定位嗎？
● 如果品牌延伸失敗，對品牌而言是重大或微不足道的
　挫折？

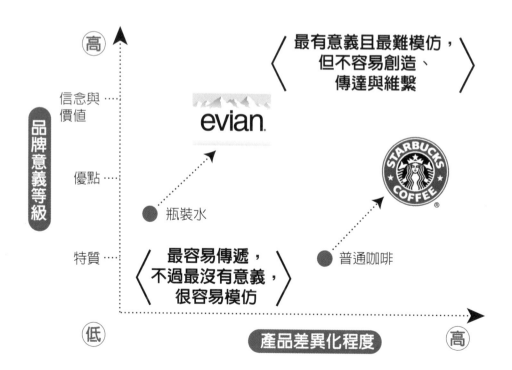

品牌與顧客價值

品牌承諾與使命宣言有何不同？

主要差異在於觀點不同。使命宣言通常是從組織內部觀點出發，清楚說明方向與目標。另一方面，品牌承諾多從顧客觀點撰寫，清楚說明使用此品牌產品或服務時，將能感受到品牌優點的精髓（包括功能與情感層面）。

價值之意難以捉摸

價值是個簡單的字，意義卻很複雜。價值是由顧客的心智所定義的。然而，價值既不是常數，甚至連觀念也不一致，得視情境與脈絡而定。顧客對價值的認知經常隨時間與情況而改變，無法預測。產品或服務的某些特質可能受到珍視，但其他特質則非如此，甚至被視為負面。其他選擇也會影響價值認知，且選擇不斷增加。多變的需求會影響價值認知，而且任何需求都會改變。雖然價值的意義會浮動，但大家多半對於品牌形象、聲譽與價值承諾具有相當穩定的認知。品牌行銷者的角色就是把顧客與品牌價值聯繫在一起。

品牌知名度
和品牌差異性
並不相同

何時投資品牌？

擬定品牌策略、付出努力打造品牌，常耗費許多唇舌，但許多品牌仍漸趨貨品化。雖然這些品牌知名度大為提高，在消費者心中卻日漸缺乏差異。在大力投資於打造品牌之前，先問問自己以下這些問題：

在你的產品種類或業界裡，品牌差異化可達到何種程度？

是否具備妥善的計畫及成長心態，投資品牌後能運用品牌權益？

幾無差異化的領導品牌名稱

差異化程度最低

信用卡：威士卡／萬事達卡	**45**
辦公用品：史泰博 (Staples)／歐迪辦公 (Office Depot)	**40**
護髮產品：萊雅 (L'Oreal)／可麗柔 (Clairol)	**37**
目錄郵購服裝品牌：賓恩 (L.L.Bean)／蘭生服飾 (Land's End)	**36**
加油站：美孚 (Mobil)／殼牌 (Shell)	**34**
瓶裝水：Aquafina（百事可樂旗下瓶裝水）／愛維養 (Evian)	**32**
家電：惠而浦 (Whirlpool)／奇異 (GE)	**30**
銀行：花旗 (Citibank)／美國銀行 (Bank of America)	**30**
尿布：好奇 (Huggies)／幫寶適 (Pampers)	**16**
汽車：賓士 (Mercedes)／寶馬 (BMW)	**9**
低卡可樂：健怡可樂 (Diet Coke)／健怡百事可樂 (Diet Pepsi)	**-1**
平均分數：	**18**

差異化程度最高

※資料來源：哥白尼顧問公司，2000年市場實情(Market facts-Copernicus 2000)

高度差異化的領導品牌名稱

差異化程度最低

香皂：多芬 (Dove)／黛亞 (Dial)	**-9**
可樂：可口可樂 (Coke)／百事可樂 (Pepsi)	**-7**
汽車：雪佛蘭 (Chevrolet)／福特 (Ford)	**-3**
低卡可樂：健怡可樂 (Diet Coke)／健怡百事可樂 (Diet Pepsi)	**-1**
啤酒：百威 (Budweiser)／美樂 (Miller)	**1**
報紙：華爾街日報 (Wall Street Journal)／紐約時報 (NY Times)	**2**
香煙：萬寶路 (Marlboro)／駱駝牌 (Camel)	**4**
止痛藥：泰諾 (Tylenol)／雅維 (Advil)	**6**
牙膏：高露潔 (Colgate)／佳潔士 (Crest)	**15**
運動鞋：耐吉 (Nike)／愛迪達(Adidas)	**27**
辦公用品：史泰博 (Staples)／歐迪辦公 (Office Depot)	**40**
信用卡：威士卡／萬事達卡	**45**
平均分數：	**18**

差異化程度最高

※資料來源：哥白尼顧問公司，2000年市場實情(Market facts-Copernicus 2000)

價格重要？品牌重要？

價格比品牌重要

網路書店

租車

辦公用品

書店

瓶裝水

加油站

長途電話公司

行動電話公司

品牌比價格重要

啤酒

烈酒

汽車

可樂

個人電腦

仲介商

大型家電

機油

※資料來源：哥白尼顧問公司，2000年市場實情(Market facts-Copernicus 2000)

重新思考忠誠度

若你認為行為＝態度，那是混淆了「我愛你」和「我想要你」之間的差異。

品牌資產
我和品牌的關係（態度）

	是	否
忠誠度：重複購買（行為） 是	19% 死忠顧客	35% 偽忠實顧客
否	4% 潛在 忠實顧客	42% 偶爾 衝動購買

※資料來源：索尼(SONY)

● 顧客忠誠度（行為）可能和品牌形象（態度）不同。

● 忠誠度可能來自價格或可得性，不一定來自和品牌良好的關係（偽忠實顧客）。

● 和品牌關係良好，不一定能創造忠誠度。顧客喜歡一個品牌，但不一定喜歡該品牌所提供的產品（潛在的忠實客戶）。

品牌衡量準則

相對滿意度	消費者偏好或滿意度，占市場或競爭者平均值的百分比
顯著性	相對的市場知名度
承諾	轉換率指標（或維繫度、忠誠度、購買意願或關係連結等類似衡量方式）
相對知覺品質	知覺品質的滿意度占市場平均值的百分比，或和競爭者的比較值
相對價格	以價值或數量來衡量市占率
可得性	配銷通路，例如販售品牌的零售點加權百分比

衡量法則只提供方向，而非用以掌控，目的在於監督進展是否順利，防止企業盲目前進。

品牌忠誠度迷思

占有市場領導地位，是否等於忠誠度也領先？

如果不是，那麼你需要決定何者才是品牌主要目標。

揚雅廣告公司(Young & Rubicam)最近進行一項全球性的調查，對象為三萬名消費者與六千種品牌，他們發現若要建立品牌權益，須著重於品牌差異化，而非知名度。研究發現，傳統的F.R.E.D行銷方式（指熟悉度[familiarity]、關聯[relevance]、重視[esteem]、差異化[differentiation]），效果比不上注重產品差異化發展（而非知名度）的策略。

市場龍頭＝顧客忠誠度領先？

產品種類	市場領導者的顧客忠誠度水準	品牌忠誠度的市場領導水準
顧客忠誠度高		
香煙	萬寶路 (Marlboro/42)	泰瑞登 (Tareyton/74）
感冒藥	康得 (Contac/38)	拜耳DCT (Bayer DCT/50）
止痛藥	拜耳 (Bayer/33)	泰諾 (Tylenol/45)
顧客忠誠度中等		
牙膏	佳士潔 (Crest/38)	尤特白 (Ultrabrite/39）
食用油	Crisco(36)	Mazola(39)
可樂	可口可樂 (29)	Tab (43)
顧客忠誠度低		
面紙	可麗舒 (Kleenex/18)	Puffs (28)
紙巾	Bounty (17)	Brawny (22)
鋁箔紙	雷諾茲 (Reynolds/17)	無名牌 (17)

※資料來源：唐恩・強森(Don Johnson)，〈打造品牌過程的再檢視〉，哈佛商學院。

如果你隨波逐流、評估競爭者、進行調查，希望立刻找出顧客想要什麼，那麼你無法生存。

你想要什麼？你未來想告訴世界什麼？
你公司有什麼本事讓世界更豐富？

你必須深信「那個東西」夠強，能讓你發揮獨特的能力，以完成你想做的事。

傑思波・康德(Jesper Kunde)
《獨特一刻》(A Unique Moment)

重新思考忠誠度

許多消費者告訴市場研究者，他們非常喜歡現在所使用的品牌，但仍打算抓住機會更換品牌。

品牌知名度和滿意度，不足以預測人的行為，因此我們不該太過強調。

那麼，什麼可以促進消費者忠誠度？可歸因於：

缺乏選擇、出於方便，或來自承諾。

真正的品牌**忠誠度**，講究的是**承諾**。

就某些意義而言，市場越是整合，產品反而零散，也迫使企業價值鏈比以往更為擴大。

產品空間的發展趨勢為

模組化(modularized)、

元件化(componentized)、

分隔化(compartmentalized)，

以滿足市場上個人、客製化與目標化的需求，而市場空間和其中的價值鏈將更行整合。

實體空間的殖民，
現已延伸到
心智空間，
而且速度更快。

過去公司是
「**產品的生產者**」
現在必須成為
「**意義仲介者**」

那麼，你的品牌代表什麼？

fearless無畏　　　unexpected出乎意料　bold大膽

radical激進　　　dreamer夢想者　　　resolute果敢

poetic詩意　　　undaunted勇敢　　　classy優雅

daring膽識　　　adventurous冒險　　　gentle溫文儒雅

futuristic未來感　　individual個性　　　power力量

unwavering堅定　　provocative聳動　　Idyllic田園

visionary有遠見　　wild狂野　　　　sexy性感

undaunted嚇不倒　soulful精神的　　　caring關愛

dynamic動感　　　authentic正統　　　brave勇敢

unorthodox非正統　daring氣魄　　　　trustful信賴

kind仁慈　　　　innovative創新　　　curious好奇

human人性　　　intriguing聳動　　　active積極

uncommon不凡　　irreverent不服從　　cool酷

absolute純粹　　　passionate熱情　　　joyful喜悅

unusual不常見　　technological科技　　fun趣味

sensible講理　　　smart聰明　　　　sensuous感官

rebellious叛逆　　truth真理　　　　cool冷靜

endurance耐用　　hopeful希望　　　wise智慧

determined決心　　independent獨立

你（現在）是誰？
可以幫我做什麼？

畢德士(Tom Peters)，管理大師

「做生意就是在處理數字」，這個觀念對我而言很不可思議，一來是因為我對數字不特別在行，但我認為自己滿會處理感覺。

我深信維京(Virgin)品牌及旗下所有公司的成功要素，是因為「感覺」─就是感覺，別無其他。

李察‧布蘭森(Richard Branson)，
維京集團(Virgin Group)

如果想成立一家能持續成長、維持股東價值的公司，那麼你希望執行長

CEO
(Chief Emotions Officer)
「搏感情」還是

CNO
(Chief Numbers Officer)
「拚數字」？

「身為董事長與執行長，我的工作是提供企業架構與文化，讓我們的『演藝人員』(cast members，譯註：迪士尼員工的統稱)，把點燃迪士尼魔法的價值觀與傳統永遠流傳下去……事實上，

我是『品牌長』。

我相當重視身為品牌總管的責任：要保護品牌、提升品牌，試著確保這個品牌在二十一世紀，要比二十世紀更有價值、更受鍾愛。這是我和迪士尼全球十二萬演藝人員一同分擔的責任。我們都知道，迪士尼這個品牌是我們最珍貴的資產。」

麥可‧艾斯納(Michael Eisner)
迪士尼(Disney)

「我們正處於資訊社會中混沌不明的地帶。隨著資訊與情報電腦的勢力範圍，社會將更重視無法自動化的人性能力：情感、想像力、神話、儀式，都是豐富的情感語言，無論是我們的購買行為或是如何與他人一起工作，一切都會受情感的影響。

公司也將靠著故事與傳奇而蓬勃發展。

企業必須了解，產品將不如故事重要。」

洛夫‧揚森(Rolf Jensen)，
哥本哈根未來研究中心
(Copenhagen Institute for Future Studies)

「大多數人不明白，
為什麼會有人
用我們的標誌，
在身上或心中
當作刺青圖案，
表示對我們的忠誠。

但同事和我卻完全了解。
我們很清楚，這股無以名狀的熱情，
是過去與未來推動我們不斷成長的動力。」

理查・提林克(Richard Teerlink)，
哈雷機車(Harley-Davidson)

「了不起的品牌會觸動情感。
情感促成我們大多數，
甚至全部的決策。
品牌可藉由力量強大的聯繫體驗
而延伸出去。

情感聯繫點是超越產品的。」

「偉大的品牌是從未說完的故事，

品牌是帶有隱喻的故事，
可連結非常深刻的東西，
（這就像是在開始欣賞神話一樣）

故事創造出情感脈絡，
讓大家可以把自己
放在更廣的經驗當中。」

史考特‧貝伯瑞(Scott Bedbury)，
曾任耐吉(Nike)與星巴克(Starbucks)品牌主管

「大多數的主管
不知道如何在
形而上的世界裡，
為市場增加價值，
但那正是市場未來的
迫切需求。

『實體』的產品選擇，
已經不虞匱乏了。」

亞斯博‧坤德(Jesper Kunde)，
《獨特的一刻》(A Unique Moment)
——談Nokia、Nike、Lego、Virgin等卓越之處

創新者真正的難題

光是創新，不足以創造價值，只能帶出設計和工程上的成就，無法刺激凡夫俗子。品牌創新者的真正難題，是如何在創新的產品或技術商品化時，仍打造出具競爭門檻的品牌。光靠著創新，不足以解決問題。

你必須比創新更前進一步。你必須聯繫起創新與顧客價值，而此聯繫是藉由品牌完成。

為什麼要投資品牌？

公司投資於品牌建立，主要出於三項單純的理由。
第一，建立品牌可以帶來顧客忠誠度、維持溢價，
或提高營收成長。但是，真正的挑戰不光在於打造
可帶動營收成長與忠誠度的優良品牌，

更要比競爭者
成本低、速度快。

行銷人成為治療師

今天的消費者腦袋
已飽受轟炸，
那你還能做什麼？
推出更多新產品、更多新服務、
在晚餐時間打更多直銷電話、
帶來更多壓力？

如果別人在販賣壓力

那市場就需要有療癒力的產品。行銷人絕不能將精神壓力加諸於人，而應該當個治療者：

行銷者或許當個
懂得比喻的治療者，
並把品牌當成處方！

行銷者要面對的新現實是：
產品須品質優越、價格有競爭力、
所建立的形象能引發情感，
以傳達超越產品功能的

療癒優點

唯有這樣的產品，才足以吸引消費者，
進而突破重圍。這是新的競爭面相。

挑戰的課題

那麼，消費者真正想要什麼的深刻議題，
我們該如何處理、如何滿足他們？
（尤其是你不屬於醫藥、化妝品或娛樂產業。）

這需要非常深入了解

消費者**最在乎什麼，**

以及消費者尋求

什麼樣的**心境**。

有效的品牌策略哲學，核心在於相信最有力的策略
是洞悉人性、了解什麼樣的衝動能驅動消費者、何
種直覺支配消費者的行動，畢竟消費者的語言經常
掩飾真正的動機。

(marketer-as-healer)
行銷者為治療師

2003—???

(marketer-as-entertainer)
行銷者為表演者

1990—2003

(marketer-as-seller)
行銷者為賣家

1970—1990

懂比喻的治療者（僅舉幾例）

狄帕克 · 喬普拉(Deepak Chopra)

創造了「新時代」(New Age)帝國，他以溫和方式提供生活型態的指示，而他的產品代表著全人類身心靈的箴言印記。

瑪莎 · 史都華(Martha Stewart)

是當今居家生活風格與舒適生活的天后。她為芝麻小事賦予新的意義，讓居家的一切妙不可喻。

李察 · 布蘭森(Richard Branson)

儼然是另類商業主義的搖滾明星。無論是如何飛行、購買音樂、喝什麼或如何生活，他都能表現出非常不同的精神特質。

歐普拉 · 溫芙雷(Oprah Winfrey)

已成為現代女性自我提升的象徵，能帶給別人歡樂，維持關係，引導並改善大家的生活。

第三章

品牌管理

品牌管理VS.品牌領導

品牌基本上有兩大不同走向：一是把品牌當作**形象**，一是把品牌當作**承諾**，因此品牌發展有兩大不同方向並不令人意外。大衛‧艾克(David Aaker)將這兩種方式劃分為品牌管理與品牌領導，並具有以下差異：

品牌管理著眼於短期，其主要工具為促銷。品牌管理者從未有足夠的預算，也很少能真正掌控手上的經費。然而，品牌領導人明白，建立品牌權益需要時間、經費與才華，無法經過一個預算年度，或推出一項產品就能成功。領導品牌的假定在於，打造品牌不僅能創造品牌資產，更是整體組織獲致成功的必備條件。在品牌領導的情況下，公司高階主管能認同建立品牌能帶來競爭優勢，進而獲得財務上的回報。

品牌管理是見招拆招的回應，而品牌領導卻具備策略與願景。品牌管理缺乏長期焦點，追逐每一種新想法。品牌領導則是有遠見的，因此更有焦點，也更深思熟慮。

品牌管理講究立即可見，而品牌領導則高瞻遠矚。品牌管理不講願景，似乎專注於形象，因此外觀、信頭與標誌都是掌管範圍。另一方面，品牌領導的立場卻注重品牌價值的建立，進而將之轉化為顧客忠誠度與市場力，並運用衡量標準來監測進展，目標則是創造品牌權益。

品牌管理是由視覺主導，而品牌領導則以承諾主導。品牌管理關注的是品牌形象，品牌領導則關心品牌資產，並強調遵守規劃。在品牌管理下，許多行銷者多半沒有權力或授權，提供真正的品牌方向。相反地，行銷人員頂多被視為協調人，時間都耗費在湊足廣告預算。品牌領導人可以在促銷議題之外運籌帷幄，關注的是組織最重要的策略議題，通常是4P和4C的延伸議題。（譯註：4P是指product［產品］、price［價格］、place［銷售通路］、promotion ［促銷］。4C指：customer benefit［顧客利益］、cost to customer［顧客成本］、convenience［便利］、communication［溝通］）

品牌管理與品牌領導代表廣大連續體的兩端。對許多行銷者而言，品牌領導一開始或許讓人摸不著頭緒，只存在於公司年報。對他們而言，從一貫的品牌管理策略著手，或許是獲得最快進展的方式。然而，你必須了解從品牌管理到品牌領導這段打造品牌的進程，才能擬定品牌承諾，獲得公司員工與外部顧客的重視，進而創造品牌權益。

從有限到廣泛的焦點

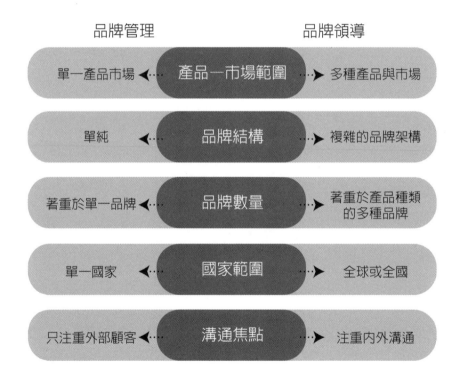

品牌領導的五項標竿

當你看這五項品牌階段時，請注意它們的位階。每個階段皆須穩紮穩打，才能進入下一階段。這五項標竿包括：

1. 顧客在接觸你的產品、服務與訊息時，你的品牌就是所有體驗的總和。你的品牌廣泛涵蓋每一個接觸點與功能，因而為品牌賦予深度與耐久性。

2. 你的品牌管理是確保顧客體驗能符合品牌願景與品牌承諾。到了這個階段，品牌已屬策略，而不是戰術了。

3. 你的品牌具一致性，能確保所有的體驗對顧客與潛在顧客傳達出相同的事。

4. 如果品牌體驗能在顧客的情感與理智上，創造出理想的認知，那麼品牌就發揮功用了。別忘了，你想要擁有的品牌認知與品牌關係是適切的。

5. 如果你所創造的品牌認知能激發正面的顧客行為，那麼你的品牌就成功了。換句話說，大家跟隨品牌了嗎？

了解品牌架構

創造清楚的品牌架構，安排從今而後的品牌定位，如此能促成組織中的每個人清楚明白目標，一同前進。但是，為什麼我們需要品牌架構？

通用汽車有三十四種品牌、寶僑則上百種、IBM有六種、BMW有三種，星巴克則有一種。許多公司經過合併與收購後擁有多種品牌，或是為快速獲利而積極從事品牌延伸，當然還納入副品牌、背書品牌、共同品牌，致使結構更形複雜。通常品牌架構的任務，包括定期重組多種產品族與品牌族，將之重新定位，以反映其在市場上的角色，創造出可旗開得勝的結構。建立清晰易懂、具一致性的品牌架構，能提出一種安排方式，以之進行日常的重要戰略決策。如果沒有適當的品牌架構，戰略決策會變得冗長不具體。

對公司品牌組合中的所有品牌而言，品牌架構是符合邏輯、具有策略且合理的安排，目標在於清晰明瞭，取得綜效與最大優勢，讓顧客價值與內部效益都能善加發揮。

若要將大量品牌分門別類，再將類別及關係納入複合品牌架構，接著提出一套概括性的說法，是相當困難的。每一種產業、種類脈絡都不相同，企業觀點也是如此。一般是多傾向有「主品牌」，除非有強力的動機，否則不會考慮將品牌分離。接下來就得考慮在打造新品牌時，會需要許多經費。企業能否支持新品牌是大學問。若面臨下列一種以上的情況，會需要新品牌：

● 創造並擁有一套不同的聯想
● 開發一種全新的產品或種類
● 避免品牌聯想與識別衝突
● 避免通路衝突
● 為提高競爭力而創造以價格為出發點的新標誌
● 滿足新地理區或獨特顧客區塊的需求

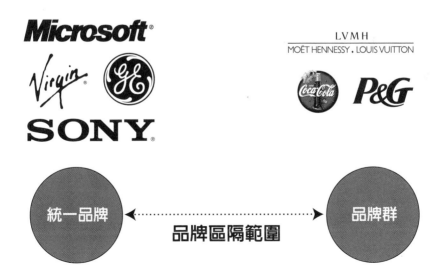

品牌區隔範圍

統一品牌	次品牌	受背書品牌群	品牌群

相同識別	不同識別	以品牌傘帶動	以協同命名帶動	強力背書	相關命名	象徵式背書	影子背書	無關連
Same Identity	Different Identity	Umbrella as Driver	Co-Drivers	Strong Endorsement	Linked Name	Token Endorsement	Shadow Endorser	Not Connected
BMW	GE Capital GE Appliance	Buick LeSabre	Gilette Sensor	Courtyard By Marriott	DKNY	Grape Nuts from Post	Tide (P&G)	Thomson (GE)
Sony	Club Med Singles v. Couples	HP DeskJet	Sony Trinitron	Obsession by Calvin Klein	McMuffin	Sony Playstation	Lexus (Toyota)	Saturn (GM)
Virgin	Levi – Europe Levi – U.S.A.	VW Beetle	DuPont Stainmaster	Friends & Family by MCI	Nestea	Docker's LS&Co.	Touchtone (Disney)	Nutrasweet (G.D.Searle)

統一品牌

- GE Capital Asset Funding
- GE Appliances
- GE Liahtina
- GE Industrial System
- GE Power System
- GE Medical System
- GE Capital Asset Funding

品牌群

P&G

WELLA　Joy
IVORY　cheer
always
Crest　Pampers
Tide　MR.CLEAN
PRINGLES　VS

發展品牌架構的主要優點包括：

1. 有助於組織中的每個人看見與了解企業品牌、次品牌與主品牌之間的關聯。
2. 討論行銷資源（例如廣告與促銷）的配置與分享時，能簡化決策。
3. 避免因為過度擴張的訊息溝通及氾濫的圖像設計，致使品牌過度操作與稀釋。

寶僑的品牌架構能有效管理產品、品牌與市場區隔之間的關係。海倫仙度絲是抗屑洗髮精的產品種類龍頭，飛柔鎖定洗潤髮二合一市場，潘婷的品牌定位是科技先鋒，並能賦予秀髮生命力。這三項品牌未以寶僑這個品牌來經營，反而擴大品牌的涵蓋範圍。一種品牌聯想和另一種產品不相容，甚至對其他品牌表現帶來反效果，都應該避免。

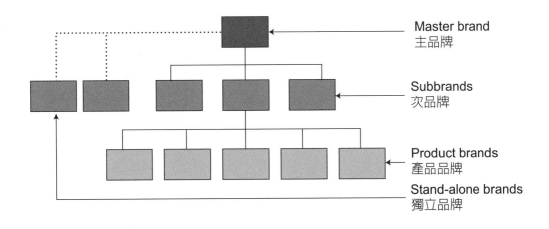

Master brand
主品牌

Subbrands
次品牌

Product brands
產品品牌

Stand-alone brands
獨立品牌

品牌架構的需求

一九九〇年代中期，Visa卡進行一項企業策略評估，當時Visa卡面臨新興科技、新競爭者與新商業通路等挑戰。評估中論及，須探討Visa卡品牌在整體商業策略中的運作。管理層的期望是，為品牌找到能直接支援或推動企業總體策略的辦法，他們想知道的答案包括：

Visa品牌在功能與情感方面有什麼權益？此品牌和新舊競爭品牌有何差異？Visa品牌有什麼許可式利器(permissions)？他們得知，在消費者心目中，Visa代表「單一產品」功能，不是被視為信用卡，就是簽帳卡。消費者期望Visa卡能突破這樣的侷限，因此品牌延伸的機會出現了。進一步研究發現，Visa在「付款」領域中顯然已經獲取品牌權益，於是管理層的結論是，若要將品牌力善加發揮，最好的方式為擬定策略，拓展Visa的品牌意義，涵蓋更多付款方式，包括電子付款與儲值。他們決定，在Visa的品牌傘之下，應盡力讓Visa的品牌聯想成為「世界上」最佳的付款方式。

品牌架構範例

索尼品牌架構

索尼選擇單純、有力量卻彈性的架構，以多種不同的方式操作品牌槓桿。

Corporate企業		
Umbrella as Driver 以品牌傘帶動	Sony Music	
Endorser Brand 背書品牌	METREON®	
Ingredient Brand 要素品牌	Pro Audio	MEMORY STICK
Shadow Endorser 影子背書品牌		
Co-Brand 聯合品牌	Sony Ericsson	

第四章

打造品牌策略

擬定品牌策略

以往打造獨特的品牌，不像今天如此困難或耗費資源。現在門檻提高了，顧客接觸點也日益增加。以往公司品牌策略的研擬，是由行銷部門主導，但在現今環境下，品牌策略的創造與管理，不能光靠行銷與品牌經理人。從策略研擬到執行，整個組織皆須通力合作，單打獨鬥是很難建立起品牌的。以下將說明如何透過跨部門的規劃過程，建立品牌。

我們須採取全新的方式來建立品牌，才能彌補落差，並毋須仰賴顧客關係管理技術。以跨職能整合方式開發品牌策略勢不可免，而這樣的策略須融合具有深度的顧客洞見與區隔，才能開拓對企業的經濟意義，提升服務能力。企業得將資源導向這些努力，才能在極度競爭的市場中勝出。

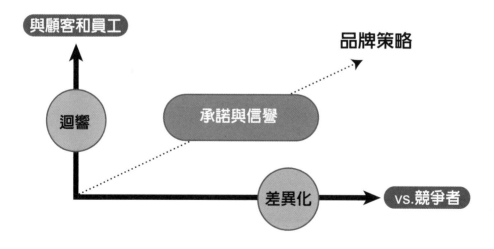

打造品牌是企業流程

打造品牌為企業流程的一部分，在整個組織中善加規劃，提出有焦點的策略，並加以整合。公司最重要的資產就是品牌，打造品牌能為之建立方向、領導地位、清楚的目的、啟發與力量。若缺乏有效而一致的溝通，那麼策略再怎麼有潛力、再怎麼強大，終將難逃失敗的命運。最後，品牌如何以各種溝通形式而獲得詮釋與表達，都將賦予品牌生命。無論溝通是否正式，目標皆為將品牌精髓以一致的聲音表達出來。為了達到最高效益，你的品牌必須讓所有的關係人都能了解：顧客、潛在顧客、企業夥伴、主管機關、分析師、媒體、員工，以及其他能決定你公司是否能經營的團體。

公司每個成員皆須遵循品牌承諾，言行舉止都能反映出品牌本身──這個概念很簡單，卻無所不包。如果品牌定位能清楚傳達，對員工就有號召力，能幫助他們度過挑戰與變遷，如此也進一步走向以品牌為動力的組織。組織要能成功建立以品牌為動力的文化，多半須設有強大的激勵與獎酬系統，以確保經理人與前線人員能探索更好的品牌決策。

擬定品牌策略

品牌策略不是規劃的結果，反而是規劃的起點。以下是三項基本的必備條件。

條件一：
企業策略規劃須清楚傳達，能看出企業規模與範圍，以及如何競爭。

條件二：
具深度的顧客洞見，了解如何為企業帶來經濟成果。這必須先著眼於不同目標區塊的演變性質，和現有及潛在獲利能力。

條件三：
從公司觀點出發，決定品牌打造具備何種任務，才能在發展過程中，促成更多策略性的品牌決策。

品牌打造過程的七大步驟

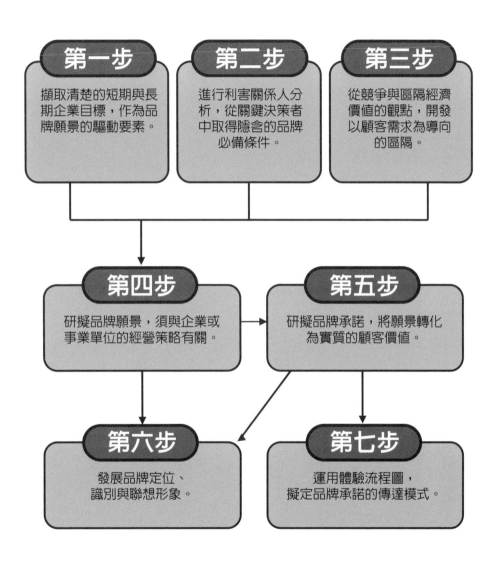

第一步
擷取清楚的短期與長期企業目標，作為品牌願景的驅動要素。

第二步
進行利害關係人分析，從關鍵決策者中取得隱含的品牌必備條件。

第三步
從競爭與區隔經濟價值的觀點，開發以顧客需求為導向的區隔。

第四步
研擬品牌願景，須與企業或事業單位的經營策略有關。

第五步
研擬品牌承諾，將願景轉化為實質的顧客價值。

第六步
發展品牌定位、識別與聯想形象。

第七步
運用體驗流程圖，擬定品牌承諾的傳達模式。

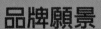

	内部	外部
固定	**品牌願景** 希望我們的品牌 變成什麼？	**品牌承諾** 對顧客有何承諾？
變動	**品牌傳達** 想如何完成承諾？ 想採取什麼行動？	**品牌定位** 想要別人如何感受？ 我們有何競爭優勢？

第一步

擷取清楚的短期與長期企業目標，作為品牌願景的驅動要素。

常見的陷阱不在於長期經營策略。你應該要清楚描述企業，知道企業如何創造價值，在特定產業中如何競爭。有效的策略猶如一座橋梁，聯繫著過去與未來。有效的策略牽涉到判斷與決策，知道何時給予承諾、下賭注，何時延遲承諾，何時放棄一項無效的計畫，及何時改變遊戲規則。策略是一套複雜的行動與言語系統，不一定總是能以理性的方式呈現。為研擬品牌策略所付出的努力，常常無意間變成經營策略的討論，結果被視為無法傳達任何價值。**別忘了，少了經營策略，無法研擬出有意義的品牌策略**。你可以為品牌識別創造出品牌命名、標誌、廣告口號和一套圖像元素，以處理短期行銷需求，但是長期仍需要品牌策略。

第二步

進行利害關係人分析，從關鍵決策者中取得隱含的品牌必備條件。

利害關係人管理是重要的歷練過程，成功的經理人藉以贏得其他人的支持。打造品牌的計畫也不例外。運用利害關係人分析這項技巧，可以看出須贏得哪些關鍵人的支持。第一步是分析誰是你的關鍵利害關係人，例如：執行長、財務長、品牌副總（VP）、行銷副總與營運副總。

接下來的步驟是判斷利害關係人的力量、影響、關注點與意願。最後一步，是進一步深入了解最重要的關係人，這樣才能知道他們的要求，並贏得他們的支持。把這些分析記錄在你的利害關係人圖表上。

以利害關係人作為出發點的好處，是你能運用最有力的關係人意見，及早塑造你的品牌計畫。這樣不僅能獲得他們的支持，利害關係人所給予的投入也能改善你的計畫品質，幫助你取得必要的資源。盡早與他們頻繁溝通，能確保他們能完全了解你在做什麼，也了解計畫的優點。

從競爭與區隔經濟價值的觀點，開發以顧客需求為導向的區隔。

多數公司已從需求、用途或負擔能力的觀點，做好顧客區隔，但結果卻差強人意，因為這些結果不具經濟價值，或者不可行。做出區隔時，必須以目標區塊現有或潛在獲利能力為根據。企業必須對業界的未來經濟前景，具備深度的觀點，以區隔顧客，須考量的因素可能包括：區塊成長、行為、價格與服務要求。公司無論在何時試著預測未來經濟條件，都會抱持不確定感。但如果採取以情境為基礎的規劃方式，則能創造出更具體的情況，以支持決策，為公司品牌的未來提供方向。

區塊獲利能力	無	低	中	高
品牌強度 強	?	?	?	$
品牌強度 弱	X	X	?	?

第四步

發展並打造品牌願景

打造品牌願景，會促使你全盤思考品牌的長期目標，以支持企業策略，亦有助於管理團隊對長期目標、需要何種水準的品牌行銷支援達成共識。打造品牌願景也可提供指引，決定應該進行何種研究，以監督品牌打造過程與投資報酬率。最重要的是提供你一個起點與授權，開始發展其他要素，以支援品牌承諾的傳遞。

品牌願景宣言沒有固定的長度或行文風格。適切的品牌宣言必須針對業務與所處產業擬定。然而品牌願景宣言也是長期的，其考量是不侷限於特定產品、市場或甚至目前的主管領導方式。品牌願景有時須與公司願景互補，有時須結合。最重要的是渴望、價值與品牌之間的連結，而不是宣言的名稱。品牌宣言必須簡單，讓顧客了解，員工明白，常記在心。

品牌願景範例 ①

 樂高

樂高公司的願景是到二○○五年，在有孩子的家庭中成為全球力量最強的品牌。

孩子是我們的角色模範。他們好奇、有創意，會想像，熱愛新發現與神奇的事物。他們是天生的學習者。這些都是珍貴的特質，我們應該畢生要好好培養與激發。在樂高公司，我們深信孩子玩得開心時，學習能力最強。兒童發展領域的專家認為，透過創意與想像來刺激學習，比以往都更為重要。在一個充滿挑戰的世界，天生的學習衝勁是成功的不二法門。

我們遵循這樣的價值，也可以把它傳遞給所有利害關係人：透過滋養我們心中的孩子，並終身實踐創意、想像與學習。樂高公司是真正的全球組織，員工都有開放的心胸，熱愛新動力，隨時準備挑戰傳統工作與學習方式。能對個人想法有自信，並負責任完成自己認為對的事，就是公司要的員工，這麼一來，樂高員工自然能樂在工作。

未來，我認為樂高品牌能比以往容納更多行動、樂趣，也更刺激。樂高品牌會在家庭日常生活的範疇中看得見，全世界的孩童都能隨手取得。這可以讓孩子隨時投入好玩的活動，鼓勵他們手腦並用地創造、團結與分享想法。

樂高公司日後將持續打破現存的規範，以孩子的語言將之轉化為創意與想像。這就是為何我將樂高勾勒為全世界有孩子的家庭中，力量最強的品牌。我們的品牌或許不是最大，卻是最好。我想像所有的人都知道樂高這個名字，知道樂高的品牌經驗是提供整合的遊戲範圍，其設計也能激發兒童的創意、想像與學習。

品牌願景範例 ❷

IBM

在IBM，我們致力於率先創造、研發，並生產業界最先進的資訊科技，包括電腦系統、軟體、網路系統、儲存裝置、及微電子產品。我們將這些先進科技，透過專業的解決方案與服務業務，為全球顧客轉化為價值。

品牌願景範例 ❸

SONY®

幫有夢想的人做夢

索尼公司致力於讚揚生命。我們為每一種想像而
創造東西。我們的產品能激發感知，讓靈魂煥然
一新。我們的想法永遠帶來驚奇，從不令人失
望。我們的創新很討喜，使用起來毫不費力；這
些東西或許不是必需品，但少了它卻很難生活。
我們不是為了符合邏輯，或是可預測的事物而存
在。我們追求的是無限的可能，也讓最聰明的心
靈能自由互動，讓無法預料的事情能浮現。我們
徵求新穎的想法，這樣可帶來更美妙的點子。創
意是我們的精髓。我們冒險、我們超越期望、我
們幫助有夢想的人做夢。

第五步

研擬品牌承諾

品牌是一種承諾。任何品牌的基礎就是其核心承諾，其他品牌構成元素都以此精髓思想為中心而建立。品牌是達到某種結果、傳遞某種經驗，或以某種方式行動的承諾。請注意：「承諾」這個詞，比「策略」或「績效」要來得有力，因為策略和績效談的是公司，而承諾談的則是人。承諾的傳達，有賴於大家看到、聽到、碰觸、品嚐或嗅出你事業的一切。

無論產業和競爭如何演進，品牌仍繼續存在，是你公司留下的最大資產。品牌承諾很重要，能清楚闡述更高的號召力、清楚的定位，有魅力的個性，及令人渴望的品牌認同——有力的品牌承諾，會具備這些是理性與情感的構成元素。品牌承諾讓願景宣言富有人性，也讓組織裡的每個人容易了解公司如何創造價值，以及他們如何直接與間接影響顧客體驗，進而增加或減損價值。

品牌承諾

楊克洛維齊公司(Yankelovich Partners)是美國最大的消費者趨勢分析公司之一，公司總裁史密斯(J. Walker Smith)曾發表「二〇〇二年消費市場中的七件啟示與期望」，裡面每一項主張都直接或間接牽涉到品牌或品牌承諾。延伸品牌很誘人，但必須避免過度延伸，或無法信守價值承諾。一旦品牌承諾打破了，品牌與顧客之間的信任關係就遭到破壞，甚至永遠無法彌補。了解品牌做出何種承諾，之後竭盡所能，務必信守承諾。

舊象徵：
消費者會尋找熟悉感，以及讓他們覺得自在的東西。

言談坦白：
消費者要的是證明，不是潛力。

團結：
相關主題是力量、決心、公平、正義。禮貌與客氣很重要。

美好的感受：
消費者要的是「擁有」之外的聯繫。

家庭導向：
家庭與社群扮演重要角色。

可消費：
讓品牌承諾可以體驗，或者「不光是更多物品」。給予支援，而不是驚嘆。

掩飾：
消費者尋找私人的滿足感，或者非炫耀的消費。

品牌承諾範例 ❶

YAHOO! 雅虎

在任何產業，消費者能夠輕鬆記起的品牌屈指可數。通常這些品牌，就能為整個產品類別寫下定義。

雅虎給予使用者與廣告者的承諾，就是：

讓世界上任何一個人要找任何東西時，就一定會來這裡，這裡也可以聯繫到任何人。

雅虎為網際網路下了定義。雅虎是在任何對的地方，在對的時間聯繫起所有對的人。大家因為種種理由而使用雅虎，也重視雅虎能因應他們前往某處的需求。我們是前往任何地方的領導者，是消費者忠誠度與涉入程度的龍頭，更是品牌強度的巨擘。行銷者若要讓每個人都接觸到自己的廣告，找雅虎就對了。

品牌承諾範例 ❷

 惠普

我們讓每個人都能接近科技。惠普六十三年來，不斷進行廣泛的嘗試，囊括多種領域，不過，一切努力幾乎都是將科技的好處，推廣給更多的顧客。

新的惠普代表創造力。創造(invent)是個簡單的字眼，卻帶有豐富的重要意義，因此每個惠普的商標下都出現「invent」。無論是研究、科技、產品、服務、經營模式或工作方式，惠普都具備創新精神，進而點燃顧客的創新能力。我們品牌讚頌發明精神，認為正確的科技能幫助人完成了不起的事情。

惠普是以特色與優質科技而聞名的公司。當我們把HP的標誌放到產品上，產品就代表著我們品牌樂觀的根源，訴說可能性、信賴、對優質工程的尊敬、新發現的活力，及從不滿足於現狀的信念。它也代表著一套包容的作法，將顧客、夥伴及我們HP同事全部結合在一起。我們相信，就這方面而言，唯有只有一件事比產品的聲音大：那就是我們的員工。我們的品牌承諾重視一切，更重視人，我們希望每次與顧客的互動，都能遵循我們的品牌特色。

品牌承諾範例 ❸

 可口可樂

可口可樂公司存在，是為每一個受我們事業感動的人帶來好處，讓他們煥然一新。

我們事業的基本主張是簡單、牢靠且永恆。我們帶來清新、價值、喜悅與歡樂給利害關係人，就能成功培養並保護品牌，尤其是可口可樂。我們就是靠著這項關鍵，履行持續提供具吸引力的報酬給企業擁有人的最終責任。

品牌承諾範例 ❹

NOKIA 諾基亞

諾基亞是受信賴的品牌，創造個人化的通訊科技，讓每個人都能分享自己的行動世界。我們也認為行動科技有助於打造環境更健康的世界。

行動科技的興起，加上產品設計改良、生產流程控管嚴密、材料重新利用與再生運用更廣泛，皆能減少使用珍稀的自然資源。

許多消耗大量能源與原物料的活動，皆可移到數位空間，如此能大幅降低環境衝擊。而這些新的機會，伴隨著責任一同出現。

品牌承諾範例 ❺

 奇異

奇異品牌的核心承諾是「更美好的生活」。奇異透過全球、人力、科技與金融資源，用心及創意，提供能讓生活更美好的產品與解決方案。

近一個世紀來，奇異始終為顧客提出這項承諾。從過去以來，奇異的行銷溝通在消費者與商業領域都強調產品如何讓生活更美好，而在這兩方面，重點都不在產品，而在於讓生活更美好的核心承諾。

奇異品牌傳達的是：不光是航太引擎，而是不分國籍與行業的人聚在一起的方式。不光是影像設備，而是它如何改善人的健康；不光是電器，而是這些電器帶來便利，讓大家更能享受生活。

綜言之，奇異的核心承諾持續且規律地傳達百年以上。因此這份核心承諾掌握相當大的品牌權益，而這項品牌權益也為全球延伸帶來了巨大的潛力。

第六步

發展品牌定位、識別與形象

檢視你的品牌意義、消費者心中如何認知你的品牌及競爭品牌，以及顧客區塊與產品類別間的認知差異。探索品牌對目前與未來顧客區塊的有利程度，及價值鏈上下游的產品種類一致性。此分析過程是根據下面四個關鍵問題而來：

● **此品牌的目的：你品牌的意義。**

● **此品牌是給誰的：你最可能獲利的區塊。**

● **此品牌的時間：購買與消費發生的時機。**

● **品牌對抗誰：直接或間接的競爭者，會在理智與情感上威脅你的品牌及市占率。**

一旦你完全了解顧客的心思，就很容易檢討過去何種作為有效果，並評斷你付出努力所獲得的效益，進而區隔出你的品牌與定位，鎖定最佳顧客區塊。

品牌識別與形象

打造品牌強度的兩項關鍵驅動要素，是創造獨特的品牌識別，並以品牌聯想形象發展出獨一無二的品牌個性。可惜的是，要了解這兩項因素如何影響品牌策略，常常受到語言符號的阻礙。比方說，品牌識別通常運用有限、圖像為本的方式進行，或與品牌形象混用。品牌識別通常只被當作構成企業識別的圖、標誌、顏色與符號。這些是品牌的外表，而外表元素固然重要，但不是品牌的本質。就好像你穿的衣服很重要，甚至能顯得獨特，是你身分的一部分，但絕不是你這個人的本質。

過分執著於形象容易淪為太重外表，忽略內在本質。然而品牌識別是更豐富、更實質的觀念。品牌識別與品牌形象這兩種觀念相當不同。有一種簡單的方式，可以總結並了解這兩個詞彙的要義：形象是市場對你的認知，識別則是真正的你。企業常常聽信建議，注重品牌識別的打造，將之視為驅動品牌策略的構成要素。但是品牌形象一點也不能輕視，畢竟那是眾人對企業的認知。不過別誤以為你的品牌形象就是識別。對品牌策略者與品牌盟主(champion)來說，讓形象與識別密切結合是一項挑戰。要達到這個目的別無他法，必須以仔細、主動的方式，管理你的品牌識別構成元素。

定位宣言範例

山露(Mountain Dew)定位宣言

<u>年輕、常喝無酒精飲料、睡眠時間不長</u>的消費
適切的市場區隔

者，<u>山露</u>是比其他品牌能給你更多精力的<u>無酒
品牌

精飲料</u>，因為它的<u>咖啡因含量最高</u>。有了山
參考架構 競爭優勢

露，你可以<u>保持清醒</u>，繼續向前，即便你沒辦
差異點

法在晚上睡個好覺。

多芬定位宣言

美。<u>和魅力或名氣無關</u>，而是關於每一個<u>女
差異點

人</u>，與我們心中的<u>美</u>。這就是<u>多芬</u>，正因如
適切的市場區隔 參考架構 品牌

此，<u>越來越多女人放心的將肌膚交給多芬</u>。
競爭優勢

品牌定位、識別與形象

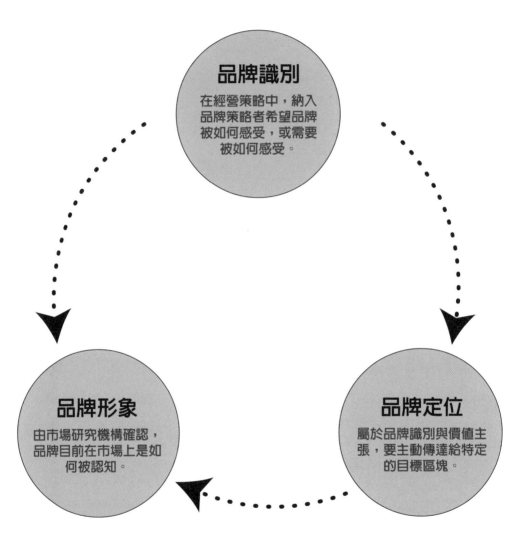

品牌識別

在經營策略中，納入品牌策略者希望品牌被如何感受，或需要被如何感受。

品牌形象

由市場研究機構確認，品牌目前在市場上是如何被認知。

品牌定位

屬於品牌識別與價值主張，要主動傳達給特定的目標區塊。

品牌形象與識別範例

◎ TARGET 服飾

Target的品牌願景融合對設計與美的鑑賞，也獻給勇於做夢的人。喜歡創意、設計與奇想的人會喜歡Target品牌，及此品牌所代表的東西：包括創意十足、執行完善的廣告，及精心挑選的設計師等。在選擇設計師名流如麥克·葛雷夫(Michael Graves)或陶德·歐罕(Todd Oldham)，Target也為品牌賦予活力，使之保持現代感。Target在打造品牌時，每一個溝通層面都仔細展現品牌的真面目。例如該公司在報上的八頁廣告插頁來推廣產品與品牌，首先映入眼簾的是黃色區塊，有個女人從Cheerios麥片盒堆疊成的牆上窗口，探出身子俯向前。另外還有三個金髮學步兒穿著用M&M黃色巧克力包裝做成的背心，和向日葵一起拍照。總言之，Target堅守目標，無論如何改變顏色，卻從不危及他們的商標。

品牌辨識範例 ❶

 維京

延伸識別元素

核心識別元素

品牌精髓

大膽

價值

創新

豪放不羈
個人

個性
服務品質

樂趣

劣勢

維京代表不拘泥、個人、熱愛自由與反體制，因
此公司將重視這些價值的所有市場找出來。作為
全球品牌，維京擁有強而有力的品牌識別，不能
輕易複製。維京鎖定的市場是有限的企業聯盟
（cartel），以及假競爭環境下運作的雙寡占市
場。他們看到在這些市場中，不遵守遊戲規則的
新進業者有利可圖。

品牌識別範例 ❷

護髮產品

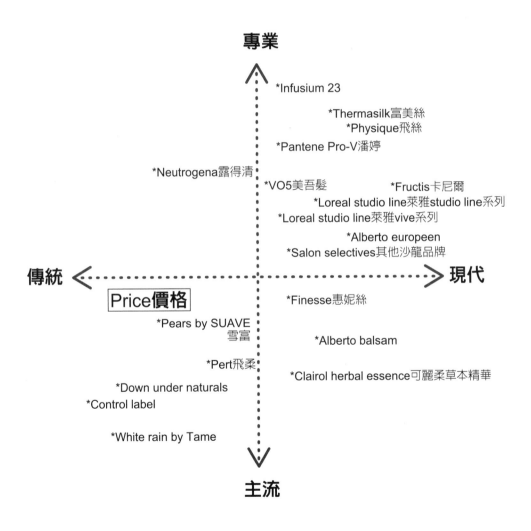

專業

*Infusium 23

*Thermasilk富美絲
*Physique飛絲

*Pantene Pro-V潘婷

*Neutrogena露得清

*VO5美吾髮   *Fructis卡尼爾
*Loreal studio line萊雅studio line系列
*Loreal studio line萊雅vive系列

*Alberto europeen
*Salon selectives其他沙龍品牌

傳統 ← → 現代

Price價格

*Finesse惠妮絲

*Pears by SUAVE
雪富

*Alberto balsam

*Pert飛柔

*Clairol herbal essence可麗柔草本精華

*Down under naturals

*Control label

*White rain by Tame

主流

另類定位方式

(a)產品定位圖
(早餐市場)

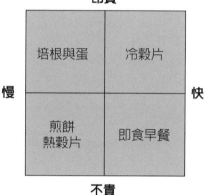

(b)品牌定位圖
(速食早餐市場)

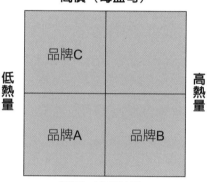

產品特徵：重點為產品或服務的特定面向，例如開特力 (Gatorade，美國運動飲料龍頭)運動飲料的新口味。

消費者利益：重點為消費者接受到的特定利益，如米其林輪胎與安全、BMW與駕馭快感。

使用場合：重點為消費者使用產品或服務的特定時間或地點，例如：0800的免付費電話。

競爭產品種類：將產品與特定的產品種類做一聯想，例如植物性奶油與牛油。

使用者族群：凸顯個性層面，或者會使用該產品或服務的族群，例如沛綠雅、山露汽水。

競爭品牌：與產品種類中的競爭品牌，比較產品或服務，例如泰諾止痛劑與另一藥品品牌CVS比較。

第七步

將品牌承諾化爲品牌傳遞的服務願景

企業投資大量的時間、金錢與精力在研擬品牌承諾，讓品牌從競爭中脫穎而出。然而，若員工無法將成果轉化至顧客互動或體驗，一切將徒勞無功。除非前線員工能了解品牌承諾，知道如何傳達，否則公司如何指望他們擔任品牌大使？此外，你對組織的情形也必須誠實，不能天花亂墜提出遠大的品牌承諾，卻無法遵守。

雖然願景須考量現實，但不應把任何特定面向的缺點，當成無所作爲的藉口。沒有企業永不犯錯，但是最有經驗的品牌人員會從失敗的服務中學習，並視爲他們經驗中至爲關鍵的一部分。若少了跨職能的團隊及實際執行的員工，你就不能把品牌承諾轉化爲服務願景。服務願景可讓員工感受到自主性，並投入更多。一旦服務願景擬定了，就由各部門提出想法，思考如何傳遞品牌承諾。

發展服務願景

服務願景是用來結合品牌承諾和顧客期望。它客觀敘述了服務特色，這一點很重要，把服務特色加以描述，才能讓員工、顧客與經理人都知道服務是什麼，也明白在服務傳遞流程中自己扮演的角色，並了解在服務流程牽涉的所有步驟。

服務是透過整合的系統來傳遞，系統包括三項基本元素。第一，提供服務所需的步驟、任務與活動；換言之，就是服務流程。第二是執行任務的方式，通常是人、科技與產品的結合。最後是服務證明，亦即顧客和所傳遞的任務如何聯繫起來。了解這些元素及其間的關係，所有的服務系統才得以看得見。系統若能有效管理，這些元素和品牌願景便能結合，創造出能支援理想品牌定位的體驗。品牌體驗圖（亦稱服務流程圖）是一種工具，能幫助了解所有顧客接觸點，或服務傳遞系統所面臨的挑戰。這種方法也同樣可以評估服務體驗對品牌所產生的影響。它可將服務細分為邏輯化的元素，描述服務過程的步驟或任務、執行任務的方式，及顧客體驗的服務證明。

品牌傳遞範例

惠而浦接觸點輪盤

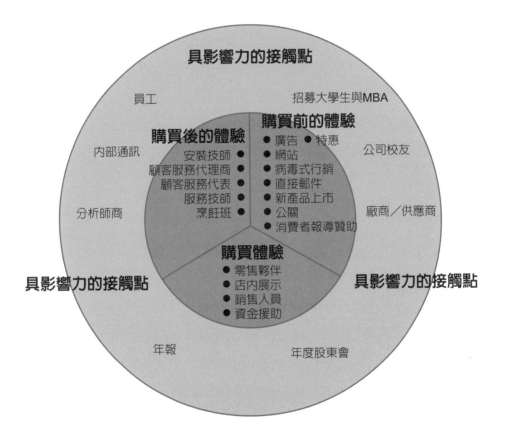

第五章

奢華品牌行銷

什麼是奢華品牌？

什麼樣的品牌，才有資格成為奢華品牌？

以經濟學而言，奢侈品的價格／品質／服務關係在市場上是最高的。相較於功能類似、品質差不多的產品，奢侈品向來擁有較高的價格，而且被視為合理。雖然有點主觀，但有些品牌夠資格稱為「奢華品牌」，有些只能稱作「知名品牌」。

麥肯錫將奢華品牌定義為：「能持續取得高價位的合理性，亦即和實質功能相同的產品相比，價格明顯較高。」這種嚴格的經濟解釋，仍無法解釋為何知名品牌和奢華品牌有差異。就相同的實質功能而言，積架汽車總是被認為比保時捷便宜一點點，但是積架的奢華品牌形象，仍比保時捷強得多。雖然大家常認為保時捷昂貴、快速，但不是奢華品牌。百年靈(Breitling)手錶通常也比蒂芬妮(Tiffany)、愛馬仕或古馳昂貴些，但仍只被認為知名品牌，而不是奢華品牌。

奢華品牌的大眾化

奢侈品原本屬於擁有特權的少數人。奢華品牌曾經只和時尚商品、酒、珠寶、手提包和配件的行銷者有關，但現在這股勢力在許多市場已經轉型。

奢華品有許多型態、許多價位、也透過許多通路販售，不再侷限於比佛利山莊的羅迪歐大道(Rodeo Drive)、紐約第五大道(Fifth Avenue)、倫敦龐德街(Bond Street)的高檔商店。幾乎每一位行銷者都需要決定，自己是否擁有適當的奢華品牌策略。問題在於，誰能夠一馬當先，在你的產品種類中有效奪得這個區塊。

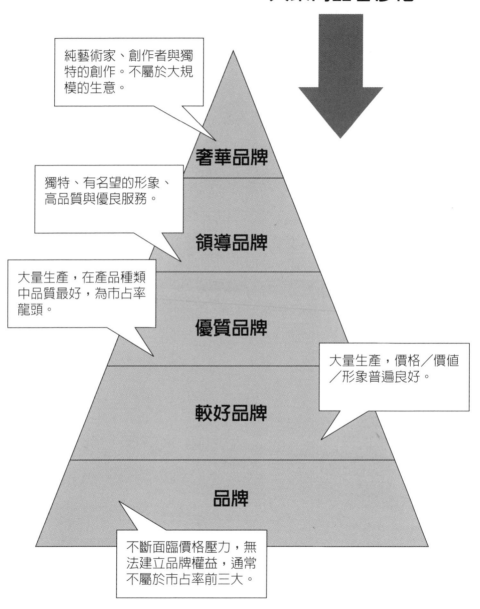

奢華商品大眾化
大眾商品奢侈化

純藝術家、創作者與獨特的創作。不屬於大規模的生意。

奢華品牌

獨特、有名望的形象、高品質與優良服務。

領導品牌

大量生產,在產品種類中品質最好,為市占率龍頭。

優質品牌

大量生產,價格／價值／形象普遍良好。

較好品牌

品牌

不斷面臨價格壓力,無法建立品牌權益,通常不屬於市占率前三大。

過去的奢侈品

純粹聽命於品牌的奴隸，只屬於非常有錢的人。
技藝精湛、高品質、服務極佳。區塊非常狹小，
只在若干極高檔的商店買得到。

現在的奢侈品

極為地方化，總在尋找所繼承的品牌傳統。無論
價位標準如何，都講究品質與服務。可透過各種
通路購買，也有多種價格標準。不是炫耀性消
費，而和自尊、滿足個人情感需求較有關係。

奢華品牌大眾化

奢侈品不曾改變，改變的是奢侈品的定義。奢侈品過去很容易讓人聯想到高價、名望與炫耀。當大量的消費者往高檔區塊移動，而奢侈品降級之時，我們就看到「奢華品牌大眾化」出現巨幅成長。

奢侈品牌大眾化是現代最重要的行銷現象，它讓奢華的概念附著到原本不屬於這個等級的東西上。現在的廣告與包裝常常採用美食、頂級、經典、黃金、白金等字眼。如果一個人不能負擔擁有奢侈品，但只要耐心等待，就比以往更有機會淺嘗這些誘人的品牌。多虧eBay線上購物網站，越來越多人能接觸那些原本接觸不到的好東西，而且價格負擔得起。

如果大家都負擔得起，會不會就不再是奢侈品了？答案是絕對不會，只會讓這些東西更令人渴望。社會理論者早就強調階級與認同法則，他們相信，社會階級與認同驅使許多人購買奢侈品，以宣稱自己比其他人優越。

奢侈品購買者在理性欲望的引領下，購買價值高與技藝表現好的物品。前十大購買動機中，有八項是由情感促成的。行銷者必須觸動消費者對於幸福安康、自我概念與寵愛的欲望。透過廣告加強，具備象徵意義的消費能為個人帶來機會，以建構、維持並傳達認同與社會意義。

維多利亞的祕密(Victoria's Secret)就是很好的行銷案例，說明消費者得不到、想像的夢想可以帶動銷售。伸展台上美麗、比例完美的模特兒，及優雅絢麗的目錄，在在傳達出該公司產品可促進（甚至灌注）消費者這樣的魅力。如果美女都穿維多利亞的祕密，那麼反之亦然嗎？穿維多利亞的祕密，是不是也能成為美女？女人搶著穿這家公司的產品，希望能沾上那令人目眩的優雅。

思考這個重要的問題：

你關鍵目標區塊的顧客，
最狂放的幻想是什麼？

談完產品滿足實質需求的能力，接下來便進入象徵的領域。我們在追尋存在的意義時，談的就是象徵層面的意義。

我們消費著「幻想」。戴比爾斯(De Beers)的宣傳標語「鑽石恆久遠，一顆永流傳」成功打造了「愛與永恆」的幻想，讓鑽石成為愛與婚姻的實質象徵。

對許多人來說，鑽石這項禮物象徵了永恆的愛，然而永恆的愛本身則是無法捉摸的概念。現在行銷者試著如法炮製，行銷白金。

思考這個重要的問題：

你的產品幫消費者創造
或維持何種幻想？

產品象徵意義的功能在兩個方向上運作：對外是建構社會世界，亦即社會象徵，對內則建構自我認同，即自我象徵。換句話說，使用產品能幫助我們成為「可能的我」。

許多休旅車與運動器材的品牌形象，就是在這個概念上建構出來的。休旅車的形象是類似賽車、有力、堅固耐用，對頂多到附近超市「冒險」的男人（甚至女人）具吸引力。一般民眾使用的悍馬車(Hummer)與軍用型大相逕庭，但是其堅固的越野車品牌形象仍然不動如山。

休旅車昂貴時髦，廣受歡迎又實用，接送一整車的孩子和他們的曲棍球用品不成問題，也不會讓這些高檔車主的形象變得像是開「小巴士」。

思考這個重要的問題：

你的目標奢華區塊理想的可能自我是如何？

廣告常常帶來滿足，將商品重新編碼為心理／意識形態層面的理想。事實上，廣告加深我們自我整合的欲望，這是透過意義與形象的不穩定性，將產品與原有用途分離，接著讓消費者購買意義，賦予消費者重新建構自我的機會。然而，這是可望不可及的目標。

視覺語言與無意識之間的落差，正引發了欲望。欲望不可能滿足，只會帶來更多欲望。而視覺形象極為吸引人，幾乎無法以任何事物滿足。有人極欲達到無欲望的境界，卻反而強化了欲望；我們越做一件事就越來越擅長，而經常渴望自己不再有欲望的人，反而欲望無限大。

後現代消費與性欲的種種面向關係糾結不清，無論是有意識或無意識層面都是如此。欲望是透過消費與人身體之間的聯繫而構成，而廣告畫面不會帶來滿足，因此仍是最有力的行銷工具。凱文克萊、古馳、A&F完全依照這樣的概念，建構並維繫自身品牌形象。意義是透過不斷尋找（社會）認同與自我之間的聯繫，從而創造出來。

思考這個重要的問題：

你的品牌
有哪一種可望不可及的元素？

另類行銷觀點

在後現代的消費文化中，
行銷是最終極的社會實踐；
透過消費
而賦予**生命意義**的過程中，
行銷扮演了關鍵角色。

那麼，行銷是否太重要，不能只交給
行銷者呢？

生活探究的是一個人**花費**了什麼，而不是**製造**了什麼。

馬叟・杜象(Marcel Duchamp)

適當、冷靜。判斷標準變成與其他人有效互動的能力，贏得他們的情感與讚賞——與其他相同生活型態的人融入。

重要的是：

你是否消費了對的品牌？

廣告的新附加價值

身為品牌行銷者，
你的工作是建構、

維繫與傳達識別
與社會意義給他人。

「就某種意義而言，我們占有的任何東西，功能都在於延伸我們個人的力量。

因此，占有的功用是讓我們覺得自己更強，或多或少抵銷我們面對環境威脅時的自卑感⋯⋯我們緊抓著占有物，那些東西猶如具體表現了我們的寄託，讓我們覺得自己的存在，不只是靠著赤裸裸的自我所撐起的狹窄支架。當你看到一個孩子使盡全力，緊抓著一塊布或一個娃娃，應該就會開始了解擁有的力量。」

恩尼斯特・迪契爾(Ernest Ditcher)，
(譯註：消費動機理論研究者)，
《物之靈魂》(The Soul of Things)

真實 vs. 想像

實質 vs. 象徵

社會 vs. 自我

欲望 vs. 滿足

理性 vs. 非理性

物質 vs. 靈性

在較古老的文化，
經濟體的生產能力有限，
大幅削減人類對物質舒適度的渴望。
今天即便是以最樸實的方式，
也能輕易得到更大的物質滿足。

因此生產文化
變成了消費文化。

你買什麼現在比你製
造什麼重要得多，奢
華不再是一種**目標**，
對許多人來說，
更是一種**必要**。

一開始是一種需求，之後會覺得急著想解決它。若能成功終結這種經驗，接下來就會感受放鬆或滿足。如果需求不能滿足，過程就會再重複，直到感覺到舒緩為止。我們透過這樣的經驗來判斷如何行動。

我們已經從產品走向過程、從解決問題走向尋求情感，從目標走向體驗。

我們現在

屬於消費社群

不再以「財富、出生、政治上的卓越地位」來劃分，而是以消費區隔。
對行銷者而言，品牌與產品

定位的著眼點是購買

而不是生產。

奢侈品的

大眾化

與民主化，
已是當今世上最重要的
一個行銷現象。

真實 vs. 想像

消費有時是在
想像的層次運作，
不過也可以對

「真實」

構成影響，
促成自我認同的建構。

實質 vs. 象徵

談完產品滿足實質需求的能力，接下來
便進入象徵的領域。

我們在追尋
存在的意義時，
談的就是
象徵層面的意義。
我們消費著「幻想」。

社會 vs. 自我

產品象徵意義的功能在於兩個方向上的運作：對外是建構社會世界，亦即社會象徵，對內則是建構自我認同，即自我象徵。

換句話說，使用產品幫助我們成為「可能的我」。

欲望 vs. 滿足

廣告常常帶來滿足，將商品重新編碼為令人渴望的心理／意識形態符號。事實上，廣告增長欲望，讓我們渴望得不到的東西。

意義的創造，是透過不斷尋找（社會）認同與自我之間的聯繫。

理性 vs. 非理性

想要」的東西不斷增加，
縮減我們「不想要」的選擇，

有時還導致
「理性選擇」
的觀念失去意義。

我們處於自我空虛的年代，疏離藉由「生活型態」
來解決，並透過有限理性的購買，以建構自我。

物質 vs. 靈性

我們每天使用各種工具，是工具的使用者，但工具不是目的，而是方法。所以物質並不會排擠靈性；靈性更類似物品稀少時的替代品。

當我們擁有的東西較少，
就會試著讓
下一個境界往奢華前進；
但我們不虞匱乏時，
就會覺得周遭的
物品富有魔力。

第六章

品牌評估

品牌評估

以下快速品牌評估法為自我診斷工具,讓你能快速評估品牌強度,分數與結果幫你更了解整體品牌強度,進而提出更有效的品牌建構策略與計畫。本評估不是用以評鑑產品功能或特色,而是把焦點放在影響產品、顧客與市場等無形價值的議題上;這些議題通常都會影響品牌,甚至深植在你的品牌中。在進行評估時,須先考慮品牌現狀。若要進行整個部門或公司的大型評估,則把總分加起來,再除以應答者人數。建議你把各部門的回應分開,才能更了解各部門或事業單位的落差。問卷最末會說明如計算分數。

1.品牌目的與方向的主張清楚完整：

是(0)

尚未完成(2)

2.品牌文化廣為知曉並獲得支持：

是(0)

較偏直覺(1)

未獲真正明白與支持(2)

3.管理層峰對打造品牌的支持：

強(0)

充分(2)

頗有問題(4)

4.內部品牌領袖：

領袖強大，有權威(0)

領袖須負擔責任(1)

非正式的領袖(2)

不存在(3)

5.內部規劃政策與流程：

策略、有紀律(0)

整體而言相當強(1)

需要某些改進(2)

基本上屬權宜之計、見招拆招(3)

6.你對公司的描述是：

駕馭顧客(0)

駕馭品牌(0)

駕馭技術(1)

駕馭銷售(2)

駕馭競爭者(3)

7.你的公司認為打造品牌是：

核心事業功能(0)

與行銷同義(1)

行銷企劃的責任(3)

成本(4)

8.溝通規劃的整合度：

共同參與規劃(0)

有協調，但不夠整合(1)

未完成，需要改善(3)

9.長期品牌願景：

清楚且完整(0)

有識別指南(2)

尚未啟動(4)

10.定義完善的品牌承諾：

清楚界定與溝通(0)

清楚界定／需要支援(1)

存在，但不太可靠(2)

不存在(3)

11.須支援／管理的產品品牌數量：

大量、架構好(0)

架構不錯(1)

許多尚待掌控(2)

完全不清楚(4)

12.產品／品牌區隔策略：

相當嚴謹、界定清晰(0)

有，但不夠有效(1)

過度零散、數量太多(2)

完全缺乏(3)

13.行銷支援與傳達的預算：

足以完成工作(-2)

不足以達成目標(0)

反覆不定(2)

資源嚴重不足(4)

14.品牌行銷投資的投資報酬率：

很清楚(0)

僅限於簡單測量(1)

偶爾測量結果(2)

完全無從得知(3)

15.品牌溝通的整合度：

整體而言整合良好(0)

須改進(1)

視廠商與時程而定(2)

完全不可能整合(3)

16.對顧客的了解：

設有良好的回饋系統(0)

做了充分的研究(1)

應該要做更多(3)

17.有承諾、會帶來獲利的顧客：

忠誠度高，可衡量(0)

競爭力夠(1)

無從得知(3)

18.品牌知名度：

在關鍵市場的知名度高(0)

尚可，但有進步空間(1)

未達競爭水準(3)

19.品牌品質認知：

顯然是優質品牌的領導者(0)

被認為是優質品牌(1)

不屬我們的強項(4)

20.熟悉度：

目標相當熟悉我們(0)

漸入佳境(1)

未達應有水準(3)

21.在公司內部，我們的品牌意義：

大多數員工很清楚(0)

只有行銷部知道(1)

沒有人知道(3)

22.品牌形象與個性：

我們有理想的形象(0)

形象焦點可再集中(1)

不清楚或定義不明確(3)

23.附著於品牌的聯想：

聯想強烈(0)

有差異但是不強(1)

無差異化且無力(3)

24.顧客可取得性：

總是很容易取得(0)

配銷可以加強(1)

不太容易取得(3)

25.顧客親近度：

很容易親近，獲得回應(0)

持續改善(1)

尚未成為我們的長處(3)

最終得分

把每個問題的得分加總。如果參與評估的人很多，則把大家的分數加起來，再求平均值，看看你的品牌落在何種「強度範圍」。勿將不同部門的分數混合，但是可把各部門的分數加以比較，也可和高階主管與行銷部門的分數差異做比較。然而，請留意**真正有用的不是分數**，而是**每個問題的個別回答**，這樣才能幫助決定目前最迫切的議題，並排出行動的優先順序。將重心放在對品牌有影響的活動與行為，才能獲得真正的績效，而這須透過一致、認真且持續的努力才行。

品牌強度範圍：

0—19分

穩健、強大，可能享有品牌龍頭地位。

20—34分

表現值得讚賞，仍可進一步進行重點式的努力。

35—49分

勉強而無力，需要外來協助。

50分以上

品牌不明確且無力，須全面檢驗品牌，也須進行文化轉型，建立以駕馭品牌的文化。

第七章

品牌稽核

什麼是品牌稽核？

品牌稽核提供一種有系統的方式來了解品牌，以及對消費者與公司雙方而言，品牌能增加何種價值。以下三步驟的作法簡單又相當有效，可用以衡量品牌的經營績效。

品牌稽核有三項要素。第一是品牌盤點(brand inventory)，這是針對品牌的特定情況做分析，並說明所有的行銷投入。

第二是品牌探索(brand exploration)，是詳細說明消費者對品牌的認知。第三部分則是分析，這項分析是回應前兩個部分，基本上是把管理層的規劃、期望與作為，和消費者的感受、信仰與行為加以比較，並從中取得資訊。

品牌稽核的細節各有不同，這裡僅提供概略性的指南，幫助你自己做品牌稽核。

品牌與種類稽核

一九五〇與一九六〇年代，現代行銷成為一門學門，行銷經理人於是展開行銷規劃與市場條件的稽核。隨著品牌策略與管理方式演進，稽核著重於以更詳細的方式衡量品牌，及類別價值、永續性與品牌定位風險。

設定計分卡

雖然品牌資產價值與品牌權益的重要性已廣為接受，但最終成果的實際衡量標準與操作議題，卻未必發展完好。我們採取五種衡量方式，當作品牌與類別管理的計分標準，其他衡量方式都可參考這些標準來建立：

1. **類別適切度**：在一市場類別的脈絡下，顧客認為品牌有意義與價值。

2. **競爭差異化**：品牌能夠具備優勢與價值主張。

3. **投資品牌資產**：產品與服務、品牌無形價值的投資性質。

4. **定位整合**：讓品牌目的及所確保的顧客體驗、性質能保持明確。

5. **品牌演進的前景……在不同的市場條件下，品牌隨著時間的自然轉型。**

1/ 品牌盤點

品牌的目標是什麼？品牌管理如何執行，以達到這些目標？

情境議題

競爭品牌是什麼？說明並預測競爭者的品牌行銷策略。
如果品牌和顧客建立關係，那麼性質與基礎是什麼？
顧客是誰？市場的區隔與結構如何？
從供應商、採購、顧客、技術、法規或其他可能和品牌有關
的環境因素，指出任何相關趨勢。

產品議題

什麼產品印有品牌名字？這些產品具備何種性質與優點？
帶有品牌的產品具何種關鍵屬性？
品牌結構為何？（品牌家族、企業、品牌傘等）
相對於競爭者，品牌產品打算如何定位？
價格發出何種品牌信號？
通路店面發出何種品牌信號？

溝通議題

向來如何傳達品牌訊息？

在溝通時，有哪些顯著的品牌主題？

媒體與媒體工具有哪些特質？

是否設有發言人？如果有，他們有何特徵？

說明品牌元素的管理：符號、標誌、包裝、產品設計、風格等。

來源：

訪談公司員工

訪談通路夥伴

公司文件

公司出版品、商情報導

專家意見

實質行銷方式：產品、廣告、配銷觀察、促銷等，以及專家對上述項目的分析。

2/ 品牌探索

品牌知名度的整體水準為何？

消費者對品牌的反應為何？

消費者相信什麼品牌訴求，特質或是利益？

大眾對品牌有什麼其他聯想？

消費者有多重視品牌權益？

消費者親近或遠離這個品牌的動機為何？

思考競爭態勢：消費者如何看待替代品？

進行消費者認知分析，指出品牌的強項與缺點。

從品牌市占率、購買品牌的地點、相關資訊來源、品牌用途等方面，說明消費者行為。

大眾對品牌識別有何認知？

品牌形象／個性如何被認知？

品牌使用者的形象為何？

品牌背後的企業形象為何？

來源有兩種：基線（次級研究）來源，與初級研究。前者應可提供概略性的答案，後者應該經過設計，處理你認為很重要，或尚未有好答案的特定問題。

- 公司提供的研究報告，或者過去研究的摘要。
- 公司出版品、商情報導
- 專家意見，以及你自己的專業分析。

可收集的初級資料：

- 知名度（以適當的衡量方式決定）
- 品牌聯想
- 形象分析／看法
- 品牌購買動機（有各種間接方式，請妥善選擇）
- 品牌個性（有間接和直接的方式，請妥善選擇）
- 品牌權益衡量（同樣有各種衡量方式，請妥善選擇）

* 初級資料收集的選擇：品牌探索應該囊括消費者品牌認知的一切，但也一定要處理品牌盤點的所有面向。比方說，如果品牌盤點提出某種定位策略，或假定特定的購買頻率，則評估消費者所認知的定位，或消費者的購買頻率。或者，如果你看出品牌盤點尚未處理的機會（例如尚未觸及的區塊），則評估可能性。

* 設計初級資料收集：你的進行方針是和公司以同樣的方式進行研究。有兩個層面是有彈性的，其中之一是樣本規模。如果目標設在二十個樣本，雖然可行性低得多，但是卻夠大，可產生有意義的結果。另一則是資料分析。沒必要進行了不起的統計測試。頻率與規模比較，應足以涵蓋了。以實際經驗來判斷差異性，而不是依據統計或影響規模。請注意，你應該盡力採用適當的樣本。詢問同事或你的鄰居關於哈維漢堡（Harvey's）或賀喜巧克力的問題或許無妨，但如果是愛馬仕就不妥了。

3/ 分析

品牌管理元素是否一致？

消費者是否對品牌有清楚且一致的印象？

消費者的回應是否如管理層所預期／希望？
指出並討論重大的成功與失敗之處。

針對品牌管理、須處理的市場機會與威脅、開發或擴展品牌
資產的機會、品牌延伸或新品牌的可能性，提供建議。

【附錄】品牌術語

任意命名 Arbitrary Name

品牌名稱和其所代表的產品、服務或公司不具有關係。例如蘋果（是一種水果，不是電腦）、龐帝克（Pontiac，是印第安酋長，不是汽車）、柯達（杜撰的名字）、以及貝比‧魯斯（Baby Ruth，是人，不是糖果）都是任意命名的例子。

品牌架構 Brand Architecture

將公司、品牌、產品與特定名字之間的多層面關係，進行策略分析與發展，以建立最佳關係。

品牌名 Brand Name

用以識別賣家商品或服務的名字或符號，並和競爭者區別。因為品牌可以識別產品或服務來源，防範競爭者試圖販售類似的產品或服務，因此公司必須鼓勵對品牌品質、一致性、及形象進行投資。打造品牌的歷史可追溯到古代，例如磚塊、鍋子、軟膏與金屬等商品上面都會出現名字或記號。在中古時期的歐洲，商會使用品牌以提供顧客品質保證，也為廠商帶來法律保護。

杜撰／想像命名 Coined / Fanciful Name

包括所有編造的名字，例如埃森哲(Accenture)或柯達，也稱為新創字(Neologism)。如果這些名字的確很獨特，可能適合當作很強的商標，也是商標代理人的最愛。

子音串 Consonant Cluster

一連串子音一起發音，例如string中的str。

描述性命名 Descriptive Name

名稱中描述了產品、服務或公司。例如工作群組伺服器(Workgroup Server)和太平洋瓦斯電力公司(Pacific Gas and Electric)，不過通常不受保護，也不受商標代理人的喜愛。

敘述符號 Descriptor

通常和杜撰／想像、任意、暗示命名一起連用，以清楚說明其所識別的產品或服務。在一條產品線上，相較於給予每項產品與服務各自的專有名稱，同時使用品牌名字與敘述符號，是比較經濟的策略。

淡化 Dilution

美國三十一州的法律條文與案例中指出，淡化的法律原則適用於與強大、知名商標高度雷同或一模一樣的標誌。法律原則規定，即便商品與服務不可能發生混淆，但是除商標擁有者之外，任何人使用知名商標，都會導致知名商標的顯著性損失。有些名字經過裁定之後或許可使用，因為這些名字已受到淡化；也就是說，許多不同的公司都使用這個名字，可能包括一個知名使用者，也可能不包括。

完整法律檢索 Full Legal Search

由商標顧問進行商標檢索，範圍包括所有相關的類別與國家。

本質意涵 Intrinsic Meaning

文字或名字所透露的內容、原有意義或重要性。

語言學 Linguistics

研究語言特定結構、發展、以及和其他語言關係的學門。

語素 Morpheme

在語言學中，能傳達意義、不能再切割的字（或字的部分），且在不同脈絡之下皆具備相當穩定的意義。

母語小組 Native Speakers Panel

麥斯特馬尼爾顧問公司(Master-McNeil)近期由各種語言的母語使用者所組成小組，負責為特定專案，審查該語言的候選命名是否在國際上都能適用，考量項目包括發音議題、負面意義、俚語使用、街頭用語或語意變化的疑慮。

命名系統 Nomenclature System

這套系統把公司品牌、產品、服務、部門、子公司等命名關係詳細說明，並予以組織。命名系統如果構思得好，就會顧及公司成長，並為未來產品與服務名稱設定方向。有些命名系統包含許多層次，每個層次都有特定的命名指南。

音素 Phoneme

在語言學中，一組相近的語音會被視為是同一個音。比方說，red bring或round中的r，就是一個音素。

初步可得性檢索 Preliminary Availability Search

麥斯特馬尼爾顧問公司將候選的品牌命名，檢索聯邦註冊商標與習慣法，排除明顯衝突，並提高所選名字在完整的法律檢索完成之後，能採用的可能性提高。

專利命名 Proprietary Name

一個人可以擁有這個名稱並註冊。和描述性命名不同的是，描述性命名不受到保護，也不為任何人所擁有。參看品牌名。

心理語言學 Psycholinguistics

此學門研究語言如何被了解與詮釋，以及個人如何與為何回應各種不同層面的語言。

服務標章 Service Mark

和商標類似，不過指的是服務而不是貨品。在註冊前可以用SM兩個字（和TM一樣），一旦註冊完成之後，就會以®來標記。參考註冊商標。

語音表義 Sound Symbolism

語音和意義之間關係的研究。

暗示命名 Suggestive Name

以文字或文字的部分命名，這些文字可暗示或指涉商品或服務，不過並不是字面上所指。例如甲骨文(Oracle)和Safeway超市。暗示命名通常受到保護（和描述性命名不同），不過當作商標的話，力量不如杜撰命名或任意命名。

商標 Trademark

文字、短句、口號、設計或符號，用以識別貨品，並將其從競爭產品區別出來。可向美國專利商標局(U.S. Patent and Trademark Office)，或者全球其他同等機關註冊。然而，在美國及其他以英國習慣法為基準的法律系統，商標的權利必須透過習慣法的使用才能產生。參見服務標章。

商標分類 Trademark Classification

商標在國際上有四十二種分類，每一種分類包含了類似的商品或服務。比方說，第十五類是「樂器」、第二十五類是「衣服、鞋子、帽子」。商品有三十四種分類，服務則有八種。一個名字可能在多種商標分類都受到保護，意味著每一種類別都和此產品或服務的業務範圍相關。

MEMO

MEMO

MEMO

MEMO

MEMO

創意智庫 03

60分鐘品牌戰略
60 Minute Brand Strategist

作者	伊卓里斯・穆提（Idris Mootee）
譯者	呂奕欣
文字編輯	邱姵芳
美術編輯	北士設計

發行人	陳銘民
發行所	晨星出版有限公司
	台中市407工業區30路1號
	TEL:(04)23595820　FAX:(04)23597123
	E-mail:morning@morningstar.com.tw
	http://www.morningstar.com.tw
	行政院新聞局局版台業字第2500號
法律顧問	甘龍強律師
承製	知己圖書股份有限公司　TEL:(04)23581803
初版	西元2009年11月30日

總經銷	知己圖書股份有限公司
	郵政劃撥：15060393
	〈台北公司〉台北市106羅斯福路二段95號4F之3
	TEL:(02)23672044　FAX:(02)23635741
	〈台中公司〉台中市407工業區30路1號
	TEL:(04)23595819　FAX:(04)23597123

定價 250 元

（頁或破損的書，請寄回更換）

國家圖書館出版品預行編目資料

60分鐘品牌戰略 / 伊卓里斯.穆提(Idris Mootee)著
; 呂奕欣譯. -- 初版. -- 臺中市
: 晨星, 2009.11
面 ; 公分. -- (創意智庫 ; 3)
譯自 : 60-minute brand strategist
ISBN 978-986-177-315-5(平裝)
1.品牌　2.行銷策略

496.14　　　　　　　　　　　98016633